馬提·傑佛森

Marty Jopson——著

美味的原理
食物與科學的親密關係

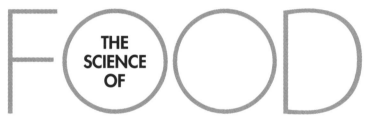

THE
SCIENCE
OF
FOOD

AN EXPLORATION OF WHAT WE EAT AND HOW WE COOK

王婉卉　譯

獻給家母，
她教我如何烹飪。

目錄

5 食物的未來

發現食物背後隱藏的科學世界

　　小時候，我總是看著母親在廚房裡忙碌的身影，跟著她學做菜。她是一位烹飪老師，就算我沒有主動幫忙備料或攪拌醬料，我也會坐在凳子上邊看邊學。於是，我了解食材的處理方式、如何運用廚房裡的各種器具、如何按照食譜做菜。另一方面，我對於科學的興趣和熱情，也開始與日俱增。不過，比起烹飪，要確切找出我對科學的熱愛究竟從何而來，便困難多了。通常，我都會把這股熱情歸功於祖父和父親，祖父寄給我很多《讀者文摘》（Reader's Digest）的百科全書系列，父親則很樂意帶我一再造訪位於倫敦的科學博物館（Science Museum）和自然史博物館（Natural History Museum）。當時，我完全不知道食物與科學之間竟然有這麼多交集，但我初次嘗試獨自烹飪的經驗，就相當清楚展現了這兩者之間的關聯。

　　這是一個常被拿出來老調重提的故事之一，我經常因此被取

笑。每當這個故事被提起，我就會覺得很難堪，也常忍不住翻白眼。這個故事同時也強調了，必須對科學有所了解，料理時才能成功。

當時，出於某個現在已經不可考的原因，我母親必須出門跑腿，於是，我在放學後不得不單獨留在家裡幾個小時。我告訴她，我會很無聊，因此她說我應該烤個蛋糕。我現在很確定，她當時是在開玩笑，也不是真的相信我會動手做。

當家裡只剩下我一個人時，我找到一本食譜（是黛莉亞・史密斯〔Delia Smith〕的其中一本），挑了「維多利亞海綿蛋糕」的食譜來做。不用說，我在做蛋糕的過程中，把廚房搞得亂七八糟。就我的記憶所及，廚房裡到處都是麵粉、蛋液和奶油的髒污，但是我因為以前幫忙做過蛋糕，滿懷信心地繼續埋頭苦幹。

然後，食譜上出現了一個大問題：烘烤溫度標示350度，但我家的烤箱最高溫度只有250度。我還記得自己覺得這個數字很奇怪，所以只是把它當成印刷錯誤，置之不理。我把烤箱溫度調到最高，希望蛋糕會烤熟。過了大約30分鐘，我拿出蛋糕，發現外層已經被烤得焦黑了，感到很洩氣。當時，我肯定才十歲左右，所以真的不能怪我沒有英制單位或國際單位的概念。1978年，食譜書上顯然都只標示華氏溫度，但我家的烤箱則只有攝氏溫度的標示。我還是不死心，刮掉了燒焦的部分，再做一些糖霜，淋在整個蛋糕上。我甚至還有辦法把廚房恢復到自認為的原狀。母親堅持說那塊蛋糕很好吃，但在我的記憶中，那個蛋糕令

人難以下嚥。

　　我說這件糗事的重點在於：光是照著食譜做，不能保證你能做出可以吃的食物。儘管我盡力了，但那個蛋糕依然是一次徹底的失敗。我完全不知道溫度可以用兩種不同的單位來計算，或者兩者該如何換算。如果我當時對溫度的科學有多一點了解，或許就會發現自己犯的錯，也能運用這個知識，做出更好的蛋糕。

　　無論你有沒有意識到，烹飪的重點就在於應用科學。當然，一般人確實可能在不了解料理過程究竟發生什麼事的情況下，也能學會做出美味的餐點，但這只是靠著死記的方式在做菜。假如你不能採用自己熟悉的作法，或是情況開始出錯時，而你又不了解烹飪過程涉及的原理，那麼就絕不可能循著原本的料理方式，找到通往成功結果的道路。

　　那些不是我們自行料理的食品，背後也隱藏著科學廣大而美妙的世界。大家從超市買來的加工食品，全都充滿了一些我所碰過最絕妙的科學原理。我很幸運能花三年的時間，製作一系列電視節目，不只大談加工食品，也能研究並打造出複製工業食品加工過程所採用的機器。我用垃圾箱做出了加工麵包的機器；拿便宜的組合式厚紙箱製作燻鮭魚房；還能讓浴缸搖身一變，成為可為牛奶進行低溫殺菌的裝置。

　　就像我童年那一次烤蛋糕的經驗，並非所有裝置都成功了。比方說，我想用一部1960年代的軋布機來製作麥麩格格脆（wheat cereal），結果徹底失敗了，現在我只要看到軋布機，就一定會想

起當時爲了努力讓那部該死的機器運作起來，身負了多少壓力。不過，我最愛的就是那部可以一次打50顆蛋，而且還能分蛋的機器，整個過程只需要大約15秒。

　　不論是超市貨架上能找到的食品，還是在自家廚房準備的餐點，關於在這些食物製作過程中扮演著重大角色的科學原理，我都會在本書中盡我所能地詳述一小部分。綜上所述，我希望自己能烹製出一道「佳作」，讓人們了解食物美味的科學，不只是淺嚐即止。

1

廚房裡的必備科技

The Essential Technology
of the Kitchen

刀之薄刃

　　如果你跟我一樣熱愛器具，你家廚房的抽屜和碗櫃裡，八成也堆放著許多特殊設備。我就有一個抽屜因為被塞滿了廚房科技用具，硬是不讓我打開。這個頑強抵抗的抽屜裡，放了一些精選的用品，包括只用過兩次的某種高科技打奶泡器、用於已開封瓶裝酒的真空酒瓶塞、利弊皆備的蔬果削片器，那台削片器的速度是一般的兩倍快，但削手指的效率也是兩倍。將我所有的器具迅速看過一遍後，你會發現它們原則上可以分為兩大類：備料用的工具，以及烹調食物的機器。

　　烹調食物的機器往往體積較大，適用於只有那些機器才辦得到的不同料理方式。因此，慢燉鍋配備了溫度調節器，少了後者，就不可能達成那種拉長時間的烹調方式；麵包機則把原本要花好幾個小時的製作過程，變成只要花90秒準備後就能放著不管的活動。我還留著熱風式爆米花機，目的是為了當爆米花從機器的開放式噴嘴被猛烈地射出來，在廚房裡到處彈跳時，可以看到孩子們想接住那些爆米花的歡樂場面。

　　不過，談到備料用具，像是蔬果削片器、削皮器、壓碎器、切丁器、切片器，我暗中懷疑它們個個都很多餘。只要勤加練

習，這些器具都可以用一把眞正的好菜刀來取代。刀具毫無疑問是廚具之本，是廚師無可取代的工具，也是最萬用的廚具。

　　我擁有的廚房刀具不多不少。目前我最愛的一把是美妙的日式三德刀（編注：此爲日本人研發的刀型，結合了日本薄刃菜刀與西洋牛刀的特點。日文「三德」的意思是指三種用途，可以處理魚、肉和蔬菜），它的刀柄爲櫻桃木，刀刃相當銳利，切什麼都像切奶油般容易，跟我的切菜習慣也很契合。但是，爲什麼菜刀可以切開東西呢？了解它背後的原理之後，是否會影響你在廚房使用菜刀的方式呢？

　　如果仔細思考菜刀的使用方法，基本上可以分爲兩種。首先是典型的剁（chop），代表刀身垂直往下貫穿食物的移動方式。第二種則是切（slice），也就是刀身在切割的時候，從一端切到另一端並同時往下。雖然剁的動作很適合某些食物，例如起司和胡蘿蔔，但在處理其他食物時，用切的會比用剁的更容易。同一把刀怎麼會在切割某些食材時，用切的比用剁的更有效率呢？

　　舉一個極端的例子：想一想你的手指被紙割到的情形，這經常讓人痛得不得了，卻也是相當常見的事。想要拿一張紙來「剁」手指，是沒有用的，但如果將手指沿著紙緣劃過，指肉似乎很容易就被切傷。

　　解開這道難題的關鍵全在於「剪切」（shear）。這個概念已經在實驗室經過詳細研究。要切割任何東西，背後的基本概念就

是製造出破裂，再迫使這道破裂貫穿整個要被切割的物質。最困難的部分是產生最開始的破裂，一旦出現破裂後，這道裂縫就更容易深入到物質當中。

不論是蘋果、雞胸肉、起司塊或木塊，所有物質都各有與生俱來的抗破裂強度。構成物體的分子會緊抓著彼此不放，抵抗刀具的強行入侵。直到刀具施加在分子之間的壓力，比將分子連接起來的力量更大時，分子之間會突然斷開，於是產生了破裂。因此，切割的關鍵在於增加分子之間的壓力，以便產生最開始的那道破裂。

早在2012年，哈佛大學（Harvard University）的一群研究人員就已經透過絕妙的方式，驗證過這一點了。這些研究員用繃得很緊的極細金屬線來切割小塊洋菜凍，同時仔細測量施加的力量與壓力。當他們想用剁的方式在果凍塊上製造切割所需的壓力時，使用的力量比用切的時候多了兩倍以上。

從細部來看，鋒刃在劃過要切割的物體時，會抓牢物體，並有效地附著在其表面，以產生磨擦力。接著，這股磨擦力會將物體表面拉向側邊，產生剪切力及向下的力量。兩者結合起來，便足以使物體破裂，切口也能隨之深入。

這就是為什麼紙張整體鬆軟無力，無法剁開皮膚，卻能切開皮膚。如果將手指沿著紙緣劃過去，紙張本身會因此繃緊，成為像刀鋒一樣的存在。紙張邊緣的質地是粗糙的，得以產生大量磨擦力與足夠的壓力，造成皮膚上出現破裂。一旦破裂產生，紙張

便能延伸這道破裂，產生切口。有趣的是，被紙割到時，傷口之所以會那麼痛，是因爲比起鋒利刀刃，紙緣相對粗糙。紙緣會在皮膚上造成參差不齊的撕裂傷口，與被鋒利的金屬刀刃劃到相比，會造成更多的組織損傷與疼痛。

這一切都有助於了解爲什麼一般建議的用刀方式，是輕輕往前，同時往下推。這麼做便能產生「切」而不是「剁」的動作，所需付出的力氣也會少很多。那麼，爲什麼大家還是用剁的方式來切胡蘿蔔和起司塊呢？因爲起司這種食材較軟，刀刃輕易就能被推進起司塊裡，使其出現最初那道可延伸下去的破裂。另一方面，胡蘿蔔的質地偏脆，細胞也夠大，不需施太多力氣，刀刃就能在上面創造出最初的破裂。

一旦食材出現破裂後，你就會想用薄薄的楔狀刀口劈開破裂處，以切開整個食材。所以，菜刀必須要做到兩件事。爲了我們的便利性，要達成這個目的的最佳方式，就是讓刀刃極爲鋒利。用顯微鏡檢視的話，鋒利的刀刃並不像表面看起來那樣平滑，而是由一連串沿著刀口排列的尖角與凹槽所構成，實際上是極細小的鋸齒。這樣的刀口在劃過食物時會卡住，產生製造出剪切力所需要的磨擦力，而這股剪切力會讓產生最初那道破裂的壓力增加。另一方面，鈍刀具有弧形的平滑刀口，可以劃過食物，卻不會卡住，無法輕易製造出切口。既然鈍刀少了剪切力的幫忙，就必須完全仰賴「剁」的動作，也得施加更多的力量才行。這就是

為什麼鈍刀會比鋒利的刀更危險，所有額外的施力都意味著你更有可能失手，並因此發生意外。

由於刀身在執行任務時需要產生剪切力與磨擦力的複雜性，刀具的製造過程也有點複雜這件事，應該不讓人意外。要製造能夠支撐鋒利刀口的刀身，一般會採用非常堅硬的鋼材。但更重要的是，你希望刀刃能夠抗磨，為此則需要堅韌的鋼材。然而，對一把菜刀和任何材料來說，硬度與韌度是兩回事。硬度（hardness）是材料抗刮或不因受壓迫而變形的能力。韌度（toughness）是用來衡量材料可以吸收能量且變形卻不致破裂的程度，或者換個說法，就是材料能夠承受多大的彎折。

以刀身來說，一般會想要鋼材夠堅硬，刀刃才能維持住，此外，刀身的鋼材也要夠堅韌，才不易磨損，不會在第一次稍微彎曲時就突然折斷了。然而，這就是棘手的部分了，因為增加硬度通常會降低韌度，而堅韌的鋼材往往不太堅硬。顯然要在這兩者之間找到平衡，因此，刀具製造商會在鐵製金屬中添加碳以製造堅硬的鋼材，加入鎢與鈷以提高韌度，還有少量的鉻使其不易生鏽，使用起來也能防鏽。

關於刀具的科學，我必須要提的最後一點，就是楔形刀口的角度。標準的西式或德式刀的刀刃都會磨尖，讓刀身兩側形成的角度約為35度。但是，日式三德刀更尖細，總角度只有25度左右。一把刀會擁有怎樣的刀刃，深深受到刀身的細度（fineness）影響。愈精細的刀身，可以磨出愈鋒利的刀刃，也更容易切且耗

費的力氣更少。

　　那麼，為什麼不乾脆把所有刀身都打造得愈精細愈好呢？這完全取決於刀的實用性及使用目的。三德刀雖然較鋒利，但使用和存放時容易凹損和彎折。如果你使用的是25度的刀刃，在切食材的過程中偶然切到某種硬物，例如骨頭，很可能就會讓這把刀損壞。同樣地，如果想讓三德刀保持在良好狀態，就別把它塞進擺滿了器具的抽屜裡。角度較大的35度刀刃不會有這類問題，卻也永遠不會有媲美三德刀的鋒利刀口。

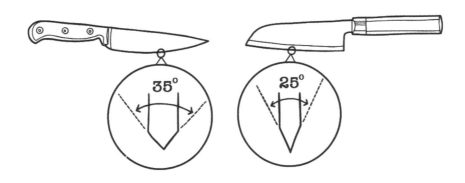

在砧板上切、切、切

　　要是少了砧板，極其鋒利且表面光滑的廚房菜刀又有什麼用處呢？在這對隨處可見的搭檔中，砧板是較不引人注目卻同等重要的一方，但是，就連這個物品也暗藏著科學原理。

　　談到砧板的設計時，關鍵在於砧板材質的硬度：砧板受壓迫時的抗變形能力，或者具體來說，就是抗切削的能力。要是砧板太硬，刀刃會變鈍；相反地，要是砧板太軟，它本身則會解體。

　　若要知道砧板太硬或太軟，就必須將硬度量化。量化的方式有數種，最簡單的就是利用莫氏硬度表（Mohs scale of hardness），這是由德國人弗里德里希·莫斯（Friedrich Mohs）在1812年所制定的。莫氏硬度表由1到10分為十級，原本是用來量化礦物的硬度。值得注意的是，任何硬度級數愈高的礦物，都能夠在級數較低的礦物表面刮出痕跡。鑽石位於硬度表最高的10，可以刮傷任何硬度低於自己的物質，例如硬度7的石英。同樣地，石英會在石膏上刮出痕跡，因為石膏的莫氏硬度只有2。

　　用來製造刀身的鋼材，位於莫氏硬度表的5或6，因此你永遠都不該使用硬度高於此的砧板。請留意，不管是玻璃或花崗岩製的廚房流理台，主要都是由石英構成，兩者在莫氏硬度表上分

別是6和7。別用你最愛的刀在玻璃或花崗岩的表面上切東西，除非你喜歡定期磨刀。

明智的主廚會使用木砧板或塑膠砧板。但哪一個才是最佳選擇呢？對於哪種砧板最實用、最耐用或最衛生，專業廚師、食品技師、微生物學家長期以來都爭論不休。這個問題由於大量令人困惑的因素而複雜了起來。

舉例來說，有位專業廚師確切地告訴我，在任何木製砧板以外的地方長時間切東西，都會導致手臂痠痛。相反地，許多家庭主婦或主夫比較喜歡使用塑膠砧板，因為這些人沒有專屬的清潔

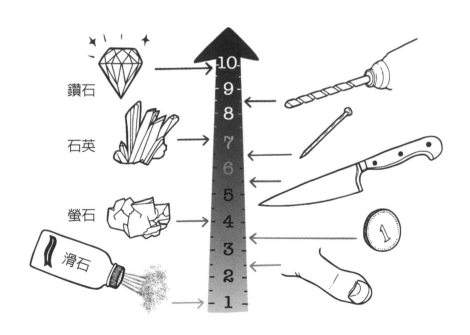

人員，而塑膠砧板可以扔進洗碗機清洗。然而，也有些人聲稱木製砧板中的天然酚化合物會殺光表面殘存的細菌。這一點恰好能讓我導入砧板科學最至關重要的一個面向：**衛生**。

既然砧板上一定會放生食，那麼細菌殘留下來並污染下一個被放到砧板上的食物，是有可能發生的風險。毫無疑問，最顯而易見的作法就是效仿所有商業餐飲廚房，用另一塊不同的砧板來切生肉這種最有可能隱藏難搞細菌的食材，這類細菌包括了沙門氏菌（salmonella）。

為了不淪為道聽塗說之類的爭論，研究人員已經進行多項科學研究，其中包含了我親自參與也身兼主持的電視節目。在這個受到妥善控制的少見電視科學實驗的例子中，檢測皆由總部位於格拉斯哥（Glasgow），經英國政府科學家認可的實驗室來執行。

我們以一批全新及用過的砧板開始著手研究，有些是木製，有些是塑膠製。首先，為了有統一的衛生基準，這些砧板全都以同樣的方式消毒。接著，我們使用含有已知菌數的溶液，污染每塊砧板的其中一部分。待砧板晾乾後，在接下來的二十四個小時都進行採樣。計算每個樣本菌數的方式，是費力地把來自各個樣本的一丁點細菌一一抹在培養皿上，任其生長，再以人工計算培養出來的菌落數。

這項檢測的部分目的，是要模擬把生雞肉等食物放在砧板之後，沒有徹底清洗乾淨——也許只是隨便擦一下——之後又再次使用同一塊砧板，情況會如何。我們想要知道，能不能檢驗出木

製砧板在某種程度上可以抗菌。木頭會不會比塑膠殺掉更多的細菌？讓當天拍攝的導演很失望的是，答案是「不會」。事實上，不論砧板是什麼材質，或者是多久以前製造，完全無關緊要。未清洗乾淨的砧板上所殘留的細菌數量，多到令人不安。

那麼，假如你在用完砧板後，真的做好該做的事，把砧板清洗乾淨了呢？我們再次檢測同一批砧板，但這次在砧板接觸過細菌後，先用熱肥皂水徹底刷洗過一遍。我們最後一次檢測砧板上有無細菌時，再次出現了這兩類砧板之間無顯著差異的結果。

從電視節目的角度來看，這算得上是一場災難了。我們已經設置了這樣規模龐大的科學檢測，解釋了所有的複雜程序，卻得到讓人失望透頂的結果。不過，這個結果其實不令人意外，符合了幾項先前針對砧板所進行的研究。

從科學的觀點來看，上述結果表示，如果木製砧板與塑膠砧板之間有差異的話，這個差異也微不足道，而且比起砧板本身，確切的清潔方式可能影響比較大。若真是如此，對業餘廚師或甚至是專業主廚來說，這意味著喜歡用什麼砧板就用吧。想用可以放進洗碗機的砧板，就選塑膠製的，但如果比較喜歡木頭的觸感或美感，就選木製的。

不過，所有研究都一致同意：如果砧板表面被切剁出一堆很深的溝槽，不論你多努力擦洗，砧板都會成為嚴重影響健康的危險工具，永遠無法清洗乾淨，細菌也會在溝槽中滋生。還有一

點，如果木製砧板裂開了，就不只會暗藏細菌，也會塞進一塊塊食物。我也不建議使用竹製砧板。雖然這種砧板看起來和摸起來都很像木頭，但竹子其實是一種草，而草的莖特別容易產生一種叫植物矽石（phytolith）的矽石小碎片。矽石比鋼更堅硬，因此，竹製砧板就跟玻璃一樣會讓刀刃變鈍。如你所見，挑選砧板這件事是一件複雜難懂的差事。

陶瓷刀實用嗎？

　　既然我已經提出了幾個在選擇砧板時會碰上的問題，也應該提一下在切菜方面最新亮相的科技。如今，以陶瓷打造刀身已不再是不可能的事了。雖然這會讓人在腦海中浮現出不切實際的瓷器般的刀身，但此處要談的材質是更高科技的產品。陶瓷刀的刀身是一種超凡物質：極硬又輕，幾近透明，刀刃極為鋒利。這種刀身的成分是二氧化鋯或氧化鋯，同樣的物質也用於製作立方氧化鋯的寶石，這類寶石常見於深夜購物頻道所販售的珠寶。

　　欲打造陶瓷刀，基本上只要把氧化鋯粉壓製成刀身的形狀，再加熱使粉末熔合在一起就行了。以上說法讓整個過程聽起來像是某個科學展覽的專題。事實上，製刀過程中，依序需要900大氣壓，或是每平方公分一噸重的壓力，以及1,400℃的高溫。在這樣的壓力與溫度之下，細緻的氧化鋯粉才會熔成一體，固化成形。這個過程確切來說是「燒結」（sintering），與雪變成冰河的過程一樣。將刀身燒結並磨利之後，就可以接受檢驗了。

　　相較於鋼製刀身，陶瓷刀身的一大優勢，就是經過燒結的氧化鋯在莫氏硬度表上為8.5，因此，它幾乎比鑽石以外的天然物質，如鋼、玻璃等更堅硬。這表示，比起鋼製刀身，陶瓷刀身可

以讓刀刃維持得更久——根據某家製造商所言，是十倍之久。

　　如此看來，顯然人人都應該使用陶瓷刀，扔掉那些沒用的鋼製菜刀。關於這件事，請先別那麼做。讓陶瓷刀身那麼耐久的硬度，正是問題所在。欲磨利任何刀，就需要比刀身更硬的物質，這意味著陶瓷刀要用鍍上鑽石粉末塗層的工具來磨利。比起一般菜刀，要磨利陶瓷刀是更棘手的事，因此，製造商的建議是把刀子送回去給原廠磨，或是直接丟掉，把陶瓷刀當成消耗品。這種極硬的特性也會為砧板帶來問題。陶瓷刀會切進任何用來切東西的表面，在玻璃甚至是花崗岩流理台上留下刮痕。

　　此外，陶瓷刀還有另一個重大的問題。如同人生的許多事情一樣，氧化鋯的異常硬度，也是要付出代價才能得到的。硬度提升，韌度就會降低，於是，我們再次碰上了那些厚臉皮的材料科學家以及他們對常見字眼的特定用法。

　　先前也提過，韌度是物質吸收能量且不致破裂的能力。鋼的韌度相當好，如果你試圖彎折鋼製菜刀，刀身會反彈，回復成原本的形狀。如果你施加更多的能量，刀身最終會承受不住，彎曲變形。不過，包含氧化鋯在內的陶瓷製品不太具有韌度，如果你試圖彎曲或彎折這一層薄薄的陶瓷，它便會裂開。如果你心愛的陶瓷刀切到了骨頭或是預料之外的堅硬物體，你又轉了一下刀身，那個超級鋒利又堅硬的刀刃就會有一小塊啪地折斷。更糟糕的是，如果你把陶瓷刀摔到地上或是隨便拋進裝有許多用具的抽屜裡，很可能會讓刀身猛然一分為二。

對於陶瓷刀，目前烹飪專業人士是以懷疑眼光看待的。這種刀非常鋒利，就算沒有定期用磨刀石磨它，也依然鋒利，但是脆弱的特性讓陶瓷刀不太能成為多用途工具。你會注意到我是說「目前」，因為陶瓷刀的配方不斷地推陳出新，將帶來新的材料性質。不過，陶瓷刀不太可能有在硬度與韌度上擊敗鋼製菜刀的那一天。如果你有陶瓷刀，就留待它會表現得更好的精細工作再使用吧。還有，小心別讓刀子掉在地上。

溫度為何重要？

　　欲搞清楚如何加熱，才能把那些你又剁又切又削皮的食物煮熟，這項任務也一樣複雜又令人困惑。食物有各種多到眼花撩亂的加熱方式，從最簡單的燒烤，到使用烤架、油炸鍋、慢燉鍋、烤箱、微波爐、嵌入式電磁爐，以及最新、最科學的方法：真空低溫烹調機。

　　上述所有的加熱裝置和機器，都是想達成一個目標：改變所煮食物的溫度。好，我很清楚這可能是本書從頭到尾最愚蠢至極的一項理所當然的聲明了，但是，請先耐心等我把話說完。煮任何食物的目的，就在於改變食物的溫度，才能讓各種生化反應發生。至於想讓哪種生化反應發生，取決於你究竟要煮什麼，以及想要達成怎樣的風味與口感。

　　一般人可能會料理到的食物，成分其實只有三大類：糖、澱粉、蛋白質。本書的其他章節會探討前兩種，但現在我想要先談談蛋白質，因為最有趣的新興科技發展就是根據這種成分打造而成。我沒有在上述清單中列出脂肪，是因為雖然脂肪的熔化溫度很重要，但一般人在料理過程中，不會想讓脂肪產生化學變化。

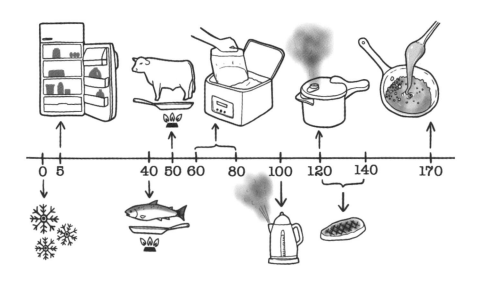

那麼，想像一下你要煮的蛋白質，可能是一塊牛排、魚片或是蛋。最終目標是要把蛋白質分子從正常或自然的狀態，變成因加熱而改變的形態，這被稱為「變性」（denaturation）。要了解這個過程，就需要複習一些基本的蛋白質科學。

所有的蛋白質都是由同類型的化學物質所組成的鏈形化合物，這些化學物質稱為「胺基酸」（amino acid）。重點在於，每個胺基酸都至少有一個氮原子，而蛋白質是由二十種不同的胺基酸所構成。

每種蛋白質的分子鏈中，皆具有不同的胺基酸序列。「卵白蛋白」（ovalbumin）這種蛋白質是蛋白的主要成分，具有總是以特定順序排列的385個胺基酸所組成的長鏈分子。另一方面，牛排這類食物的所有肌纖維中，有55%是由「肌凝蛋白」（myosin）

這種蛋白質所構成，其特有的排序方式中約有2,000個胺基酸。不同的胺基酸序列讓每種蛋白質具有不同的功能，也決定了蛋白質會如何摺疊。由於許多胺基酸會與其他胺基酸形成鍵結，因此任何由這些化學物質所形成的分子鏈，都會自動摺疊並產生團塊，而這個團塊的形狀也取決於胺基酸的序列。任何蛋白質的自然狀態，都是這種摺疊好的團塊形狀，但這不是我們所吃的那種煮熟的蛋白質。

隨著蛋白質逐漸被加熱，熱能會開始搖動這些團塊分子，最終打斷胺基酸之間的所有鍵結。這就是蛋白質變性的時候。蛋白質從原本纏成一團的形狀，解開成可以自由扭動的義大利麵條形狀。接著，所有這些扭動的義大利麵條分子一定會黏在彼此的身上。一旦食物中的蛋白質變性後，食物整體的質地與色澤就會改變，我們便會認為它煮好了，更容易消化。

這對廚師來說是至關重要的一點：蛋白質從自然狀態到變性的溫度，取決於蛋白質所含的分子鍵結，因此，每種蛋白質的變性溫度各有不同。這就是為什麼比起煮肉，煮魚所需的熱能較少。鮭魚的肌凝蛋白和牛身上的肌凝蛋白有點不一樣。這兩者各自在動物的體內都會發揮同樣的功能，但胺基酸之間的細微差異，會使得鮭魚的肌凝蛋白在40℃時開始變性，牛肉的肌凝蛋白則是從50℃開始。

用鍋子加熱一下

　　了解溫度變化如何影響食物的物理原理是一回事，實際執行這一切的科學原理，又會如何呢？要直接供應熱源，就需要某種平底鍋或煎鍋，再把食物放到裡面加熱。這可能是相當簡單明瞭的過程，但如果你隨便走進一家店，想要買這種鍋子，將會面臨眼花撩亂的選擇。剔除外觀的細節因素，真正的重點在於你想要的平底鍋用什麼材質製成？你可以選擇鋼製、鋁製、銅製或鑄鐵，甚至是綜合以上材質所做成的多層複合鍋。如同刀具，最終的選擇將取決於上述各種材質的物理特性。就鍋子而言，其中一個關鍵特性就是不同金屬傳導熱的能力，以科學術語來說便是「熱導性」（thermal conductivity）。

　　並非所有金屬的導熱能力都一樣好。銅的導熱能力最佳，但出乎意料的是，不鏽鋼是非常差的熱導體。熱導性對平底鍋來說非常重要，因為熱源通常不會平均分散在鍋底。尤其是瓦斯爐都供應圓環形的熱源，中間空著一塊未加熱的部分。如果用導熱能力極佳的材質製作平底鍋，比方說銅，熱能很快就會散布到整個鍋底，使表面受熱均勻。另一方面，如果平底鍋是以不鏽鋼製成的，特別是用薄鋼的話，受熱不會平均，在極端的情況下，還可

能會產生熱點，導致食物燒焦。

　　看起來，銅是製造平底鍋的最佳材質，但市面上很少採用純銅製鍋，有幾個原因：純銅價格昂貴、容易失去光澤，另外，銅一碰到酸性物質就會融解到食物裡，量多到會讓人中毒的程度，所以不能拿來煮番茄或檸檬等食物。純銅唯一真正適用的地方，就只有用來打蛋的碗了（詳見第49頁）。

　　導熱能力第二好的材質是鋁，我們也確實能找到許多鋁製的平底鍋，但是，鋁並非完美的解決辦法。雖然鋁能製成重量極輕的鍋子，卻跟純銅一樣，也會與酸性食物產生反應。但就鋁來說，問題不是出在毒性，而是融解的鋁會導致食物表面覆蓋一層令人胃口盡失的灰色。鋁確實有個很受主廚歡迎的特有優勢，也就是在相同的重量下，鋁的保熱能力比銅要好。這個特性稱為「比熱容量」（specific heat capacity），定義是將一公斤物質加熱攝氏一度所需的能量多寡。鋁的比熱容量是銅的近三倍之多，這代表鋁加熱得慢，也冷卻得慢。這項特性讓鋁成為煎鍋的理想材質。如果你想要快速煮好一塊肉，鋁製平底鍋冷卻得比較慢，就能更有效率地燒烤肉塊，產生美味的梅納反應產物（詳見第100頁）。

　　繼續沿著熱導性排名往下，只比不鏽鋼好一點的是鑄鐵。但是，任何擁有鑄鐵鍋的人都知道，鑄鐵材質的問題在於鐵鏽。在將鑄鐵鍋洗好後，如果沒有徹底把它弄乾，它就會生鏽，要是下次烹煮之前沒有清掉鐵鏽，就會摧毀接下來烹煮的食物。

最後，輪到熱導性最差的不鏽鋼，有點矛盾的是，它也是平底鍋與煎鍋最常採用的材質。因爲不鏽鋼的方便性一舉勝過了其他所有材質。不鏽鋼不會失去光澤，不需要經過特殊處理，也比較堅固，不太會在使用過程中被刮傷或留下凹痕。不鏽鋼也是平底鍋常用材質中唯一具有磁性的，這可是很重要的一點，因爲現代的嵌入式電磁爐只適用於磁性材料。若將鋁製平底鍋放在嵌入式電磁爐上，無法產生反應。

如果廚師想同時擁有鋁或銅的熱導性，以及鋼的耐久性，那麼材料科學可以伸出援手。現在有許多鍋子的材質都採用了多種金屬。要做到這一點，最簡單的方式就是所謂的鍍銅平底鍋。製造商會用一層鋼、一層銅，再加上另一層鋼，或是偶爾會使用鋁。夾了銅的金屬疊層，會經過高溫滾壓機，壓縮熔合成一塊金屬板。由這種金屬板製成的平底鍋，最外層是鋼，目的不只是爲了耐久，也是爲了能在嵌入式電磁爐上使用。中間的銅夾層有助於將熱散播開來。最內層的表面，可能是另一層鋼，或是煎鍋常用的材質，爲了要發揮比熱容量特性而採用鋁。

鍍銅之外的另一種選擇是銅芯鍋，通常這種鍋子的價格比較貴，因爲製造過程更困難，也使用了更多的金屬。銅芯鍋的底部是以鋁包覆扁平的圓盤形銅片，再將之包覆於不鏽鋼之中。以此製造出來的厚實圓盤底部，會固定在不鏽鋼鍋的鍋底，這麼一來，鍋子就兼具銅的高熱導性、鋁的高保熱能力、不鏽鋼的耐久性。

現在，你有了完美結合所有材質的煎鍋或平底鍋，可以讓受熱平均且持久，但在料理時，食物卻會黏在鍋面上。從化學角度來看，這時發生的是蛋白質（有時是糖）會與鍋面的金屬分子產生反應。這種現象會出現在銅製、鋁製、不鏽鋼製的鍋子上，要阻止其發生的最簡單方法，就是不斷地翻攪或挪動食物，避免讓化學鍵有時間形成。如果做不到的話，在鍋子的金屬表層塗上活化反應較低的物質，也能預防沾黏，最常用於不沾鍋塗層的就是鐵氟龍（Teflon）。

鐵氟龍或聚四氟乙烯（polytetrafluoroethylene，縮寫為PTFE）是美國化學家羅伊・普朗克特（Roy Plunkett）在1938年意外發明的產物，這是一種長鏈碳分子，含有大量氟原子而不具活性。問題在於要如何把PTFE這種非常不沾黏的物質，黏附在煎鍋表面上。為了做到這一點，以前曾經採用過化學方法，但這些方法所需的化學物質，氣味難聞且有毒。今日，要經過塗層處理的鍋子，會先進行噴砂，讓金屬表面變得極為粗糙。接著，在塗上液態PTFE時，它就會流過因噴砂而產生的每個粗糙角落。隨著PTFE平滑的表面變硬的同時，它也會與下方的材質黏合在一起，緊抓並附著在金屬表面所有大大小小的突起物上。PTFE成功的祕訣，就在於塗層牢牢黏附後，其表面的那一層氟原子。氟與PTFE中的碳會形成極為強大的鍵結，一旦它們之間產生鍵結，就無法與任何東西形成鍵結。因此，煎鍋裡的食物無法依附上去，就不會發生沾黏的情況了。

有一種仿鐵氟龍的低技術處理方法，可以彌補鑄鐵鍋的缺點。要讓鑄鐵鍋變成不沾鍋，或是幫它做防鏽處理，首先必須將鍋子塗上一層薄薄的油，再放進極高溫的烤箱（260℃），烘烤約一個小時。這種高熱會將油分解成由兩個或三個碳原子所組成的小單元。接著，當鍋子冷卻時，這些小單元會互相連結，形成極長無比的碳鏈分子。這些長鏈碳分子會發揮像PTFE一樣的作用，成為下方金屬的塗層，防止食物與金屬產生化學鍵。這種處理方式不會產生無活性的氟塗層，好處是抗刮且易於重新塗敷。

　　在選擇煎鍋時，不管是店內的新品，或只是從櫥櫃裡挑出一個，不妨花點時間思考背後的科學原理。某個鍋子之所以能勝過另一個的關鍵，就在於成分金屬的材料科學以及表層金屬的化學特性。只要搞清楚這一點，你就能找到最適合的烹煮鍋具。

舒肥（真空低溫烹調）

在所有烹調蛋白質的方法中，就屬「舒肥」（sous vide，真空低溫烹調）最仰賴數位探針式溫度計所測量的精確溫度了。採用這種烹調法時，要先把食物放進塑膠袋，用真空機將袋內的空氣全數抽光並封好袋口，最後放入以數位方式控溫的水浴中。sous vide 這個名稱源自法文，意思是「真空之下」。

你可能會想，這只是一種花俏又過於複雜的水煮方式。這個看法可能有點道理，但讓真空低溫烹調與單純水煮有所區別的地方，共有兩點。第一，前者的食物被密封在沒有半點空氣的袋內，來自食物本身的任何風味或水分都會留在食物裡，不會流失到烹煮的水中，同樣的道理也適用於在密封前放入袋中的香料與香草。此外，由於袋內缺乏空氣，可以防止食物因氧化而腐敗，如果烹煮的溫度夠高，內容物就能在烹調期間經過有效殺菌，食物便可保存在袋中。

真空低溫烹調法的第二大好處，就是水溫從來都不會達到沸點，事實上，這種烹調法很少會用高於80℃的溫度，較常設定在60℃左右。真空低溫烹調之所以能產生令人垂涎欲滴的完成品，關鍵正是水浴的溫度。這個溫度通常會控制在溫差不到攝氏一度

的範圍內。這種烹調法使用的機器並不複雜，只有一台加熱裝置，並由數位探針式溫度計所調控。只要你設定好想要的確切溫度，探針式溫度計就會監控溫度，根據讀數開關加熱器。

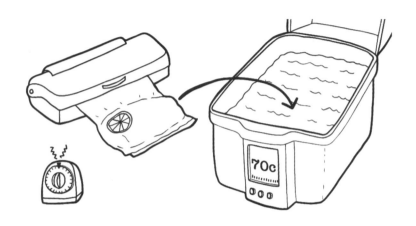

　　假設你要煮一塊菲力牛排。你將眞空低溫烹調的水浴溫度設在57℃，把牛排丟入袋內，抽出空氣至眞空狀態後密封好，再把它扔進水裡。之後，牛肉的溫度會以非常緩慢的速度上升，大概要花一個小時的時間才會到達水浴的57℃。在這個溫度下，牛肉中絕大多數但非全部的各種不同蛋白質分子會變性。其中，構成這塊牛肉大部分的肌凝蛋白將會變性，使肉質變得軟嫩，而非很硬。另一種會讓肉類呈現紅色的蛋白質是肌紅蛋白（myoglobin），這時它才要開始變性，所以肉不會是血紅色，而是淺粉紅色。不過，肌動蛋白（actin）這種蛋白質依然處於自然狀態，這是好事，因爲肌動蛋白如果變性的話，肉質就會變硬，

嚐起來沒那麼多汁。

這一整塊肉從外層到正中央都會恰好是57℃，因此是完美的三分熟。如果你想吃生一點的牛排，溫度則需要設定成49℃，低於肌紅蛋白開始變性的溫度。吃五分熟的話，就設定在60℃，肌紅蛋白會完全變性。如果你想毀了這塊牛排（起碼我是這麼認為），將溫度設在74℃，會讓所有蛋白質變性，包括肌動蛋白在內，因而煮出全熟牛排。

這就是舒肥的絕妙之處，也是為什麼它是最科學的料理方法。只要知道食物中的不同蛋白質在什麼溫度下會煮熟，就能精確地再現同一道料理。再舉個例子：樸實無華的蛋，已經讓太多人努力想煮出自己喜歡的熟度，卻都以失敗收場。問題出在於每個人對蛋煮熟的程度有不同的喜好。你喜歡蛋黃不熟且會流動嗎？如果是，你願意忍受蛋白尚未完全凝固嗎？還是說，你一想到鬆軟的蛋白就覺得厭惡透頂，於是會把蛋煮熟，想要蛋黃剛好凝固，卻不會過熟而碎裂？煮蛋的另一個問題是，並非所有的蛋都生而平等：蛋的大小各有不同，鮮度有所差異；在你開始煮之前，蛋本身的溫度也會造成影響。把蛋丟進沸水時，蛋殼外會立刻達到100℃，這個溫度會讓蛋中的所有蛋白質都變性，使得蛋白和蛋黃凝固，甚至開始釋出蛋白質中的一些含硫化合物。要用一鍋沸水煮出完美的蛋，顯然關鍵就在於算準時機，同時要考慮蛋的大小、鮮度、烹煮時的初溫。要是用舒肥機（真空低溫烹調機）來煮蛋的話，就不必這麼麻煩了。

首先，我應該要指出，蛋最適合用真空低溫方式來烹調，因為蛋本身就已經是很好用的密封包裝狀態，不需要抽出空氣至真空狀態。白蛋白（albumin）或蛋的白色部分，是由多種蛋白質組成，大多在61℃到65℃之間會煮熟或變性。蛋黃的蛋白質則是在65℃到70℃之間變性凝固。根據這些資訊，你現在就可以用舒肥機煮出完美的蛋了。想要蛋白恰好煮熟、蛋黃完全沒熟，就把水浴溫度設定在63℃。如果你比較喜歡口感更扎實的蛋白和大部分沒熟的蛋黃，就設定在66℃，想要蛋黃恰好凝固的話，就把溫度調高到70℃。

真空低溫烹調的美妙之處，在於特定動物身上的蛋白質，其變性或煮熟的溫度，永遠都會一樣。只要了解這一點，想要把食物煮成自己喜歡的熟度，就不必胡亂猜測，而是每次都能再現同樣的結果。那麼，為什麼我們沒有人手一台舒肥機呢？其實，這套工具需要兩樣東西，也就是水浴箱和真空密封機，這兩者往往體積龐大且要價昂貴。除此之外，真空低溫烹調法也會帶來不一樣的成果。以真空低溫方式料理的牛排，也許是完美的三分熟，卻不會有美味的焦褐表面。牛排那可口的最外層，是來自發生在154℃的梅納反應（詳見第100頁）。而且，用這麼低的溫度烹調，需要花更久的時間，才能讓熱完全滲透到食物的每個部分。理論上，真空低溫烹調法是一種絕妙的料理方式，也有派得上用場的時候，但我不認為家人們會願意在早上等一個小時，就為了吃到一顆蛋黃還在流動的水煮蛋。

在壓力鍋的高壓之下

　　假如真空低溫烹調法是用極為緩慢的速度來烹煮的最科學方法，那麼科學宅要怎麼快速煮好食物呢？你可能以為我會開始大談微波爐，但對我來說，有資格贏得科學宅認證的是壓力鍋。而發現壓力有助於快速烹調的故事也相當引人入勝。

　　十七世紀末，一個名叫丹尼‧帕潘（Denis Papin）的法國人，在倫敦的皇家學會（Royal Society）擔任實驗管理負責人的助手，該學會是現存最古老的科學學會。當時的管理負責人是一個脾氣有點暴躁的男人，名叫羅伯特‧虎克（Robert Hooke），他在整個科學界投下了一大片陰影。帕潘想必在工作之餘還有一些閒暇時間，因為在1679年，他向參加皇家學會集會的達官貴人，展示了自製的「新蒸煮器或軟化骨頭之器具」，也就是你我眼中所謂的壓力鍋。這個裝置包含了一個金屬鍋，沒有握把，也沒有可以拴緊以製造密封狀態的鍋蓋。關鍵是，他發明了安全閥，運用槓桿和砝碼，讓蒸氣不會從鍋蓋上的洞逸散，直到內部達到正確的壓力。

　　為了實際示範鍋子的作用，帕潘在鍋內放進了各種便宜的肉塊和一點水。不久後，他就煮出軟嫩多汁的美味燉肉料理，讓參

與集會的科學家雀躍不已。1681 年，帕潘針對自己的烹飪實驗和發明，出版了一本小冊子，說明壓力鍋和其他廚房器具一樣，可以用來為窮人製作富含營養的肉汁，食材取自一般人都不想要的便宜肉類，包括兔肉。他花了很多時間使用自製的蒸煮器料理兔肉。可惜的是，皇家學會不怎麼在意帕潘的發明，他的蒸煮器似乎僅被視為一項學術衍生的珍奇成果。

接下來的兩百年間，在某個時刻，對壓力鍋的研發從學術界人士交棒給平凡的廚師。史冊上沒有記載這件事發生的確切過程或時間。我們知道在 1864 年，來自德國斯圖加特（Stuttgart）的

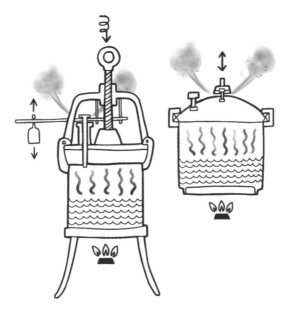

帕潘的壓力鍋（左）有拴緊的鍋蓋和運用槓桿原理的安全閥，以及現代的壓力鍋（右）。

吉奧格・古特布洛特（Georg Gutbrod）有自己的獨門祕方，可以製造出鍍錫的鑄鐵壓力鍋。他的壓力鍋被認為比當時市面上的其他鍋子都來得優良，顯然暗示了一般民眾使用這款鍋子已經有一段時間了。

這些早期裝置與現代版本的不同之處，就在於前者看起來像工業設備的一部分，極為沉重，鍋身厚重得不像話，鍋蓋則拴上巨大的螺絲和螺絲鉗。這大概或多或少解釋了為什麼這些鍋子從未大受歡迎。接著，在1938年，美國一個名叫阿弗雷德・費雪（Alfred Vischer）的傢伙揭露了壓力鍋的新設計，它從外觀到使用方式，都與一般平底鍋沒什麼兩樣。從那之後，壓力鍋的設計基本上都沒有太大的變動。

壓力鍋的巧妙之處，在於鍋內的水沸騰時，溫度會比100℃還要高。壓力鍋產生蒸氣時，鍋中水的沸點是在120℃左右。這可能會讓人感到意外，因為誰都知道水的沸點是100℃。但沸點100℃只適用於標準大氣壓的情況，也就是海平面的平均氣壓（1013.25百帕）。為了要解釋壓力鍋的原理，我們先來看看液體到底為什麼會沸騰。

液態水是由一大堆到處亂晃的水分子所組成。但這些水分子並非完全自由，想去哪裡就去哪裡，因為它們全都抓著彼此不放。不過，液態水分子並不像冰中的水分子那樣，會把彼此抓得那麼緊，所以液態水可以流動又搖來晃去的。

水分子會亂晃，是因為它們擁有熱能。熱能愈多，晃動就愈劇烈，但不是所有水分子的熱能都一樣多。多數分子會有整體平均值的熱能，但有些比較少，有些比較多。當那些活躍的高熱能分子之一到達水的表面時，也許就能脫離附近分子的束縛。但這個分子要克服的，不只是緊抓著它不放的其他水分子，還有水面上方想把它推回去的氣體分子。目前這些都還不難理解，而上述的過程也解釋了為什麼一灘水不必沸騰，最終還是會變乾的原因。這些水會隨著高熱能分子掙脫束縛而慢慢蒸發。

　　現在，想像一下將水加熱時會發生什麼事。水分子被添加愈多熱能，就晃動得愈快。在標準大氣壓下達到100℃時，多數水分子所擁有的能量，不只足以掙脫附近水分子的束縛，也足以推開水面上方的所有氣體分子。事實上，這時候我們會開始看到液體中自然形成泡泡，還會隨著更多液體匆匆化成氣態而愈冒愈多泡泡。

　　不過，現在請你想像一下水面上的氣體壓力變高了。這時，一個水分子要脫離液體，就必須推開更多氣體分子，這會比先前更困難，也需要更多熱能。於是，沸點就上升了。如果壓力增加到兩倍標準大氣壓（約2030百帕），水的沸點會升高到120℃。這正是壓力鍋內發生的情況。水開始在100℃沸騰時，水蒸氣或水汽（水蒸氣凝結而成的微小水滴集合）無處可逃，就會讓壓力增加。結果，沸點因此提高，在此同時，因為持續加熱，水又開始再度沸騰，壓力也繼續往上升，如此不斷循環。最終，帕潘的

安全閥會在兩倍大氣壓左右時開始發揮作用，保持壓力穩定。

因此，壓力與沸點的物理學讓我們在料理時多了20℃，這看起來似乎不怎麼多。但如果把在1889年提出的阿瑞尼斯方程式（Arrhenius equation）納入考量，結果就大為不同了，這道方程式表示，溫度每增加10℃，化學反應速率就會加快兩倍。因此，相較於用普通沸騰的水，壓力鍋內的溫度會讓烹調食物的時間快上四倍。由於壓力鍋能夠讓上述這一切美妙的科學發揮作用，快速烹調的科學宅獎才會頒給它。

壓力鍋還有其他幾項好處：用水量比平常少很多，因此所需的能量比耗費同樣時間進行的又長又慢的燉煮要少很多；烹飪溫度也夠熱，得以透過被稱為梅納反應（詳見第100頁）的必要廚房化學，產生可口的風味分子。

就像帕潘，壓力鍋在過去幾十年來也都受到忽視。壓力鍋毫無疑問可以既快速又高效率地製作料理，卻因為非常笨重且不便收納，也許還有必須釋放蒸氣壓而令人有點害怕，才會給人留下了不好的印象。除此之外，微波爐的迅速竄紅也意味著，壓力鍋目前頂多只是一種非主流的工具。

持續攪拌，加入空氣

　　有一個廚房必備的小玩意兒，不只在料理界具有光輝而悠久的歷史，它也不像壓力鍋那麼難尋，而是每間廚房裡都找得到。我在談的廚具，就是樸實無華的打蛋器。它是那種超級基本款的用具，讓人無法想像廚師曾經經歷過沒有打蛋器可用的時期。

　　但那種時期確實曾經存在過，從文獻資料和烹飪步驟說明中，提到打發蛋的次數開始變多，就可以推斷打蛋器是在何時出現的。最早提到打蛋的食譜書，是 1602 年出版的巨著，由休‧普

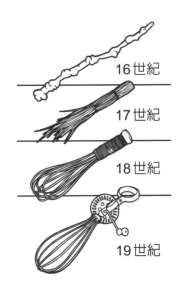

16世紀

17世紀

18世紀

19世紀

拉特（Hugh Platt）爵士所撰寫的《寫給女士的樂事：以美貌、盛宴、香水與水爲個人、餐桌、衣櫥、蒸餾器增色》（*Delightes for Ladies: to adorn their persons, tables, closets, and distillatories with beauties, banquets, perfumes and waters*）。這本書寫滿了實用的居家建議與訣竅，包括如何「迅速打散蛋白」的步驟說明，這相當於伊莉莎白時代的打蛋指示。不過，書中建議的方法不是用多瘤的木棍，就是重複用海綿擰蛋汁。不論哪一種，聽起來都非常沒有效率。你可能在想，要打蛋的話，用叉子會更有效，但在當時，對北歐家庭來說，叉子還是一個未知物品。叉子首次在大不列顛亮相，是在1611年，多虧有人去過義大利而把它帶回來。但是，這項工具直到1700年代晚期，依然被視爲是南歐地區柔弱做作的表現。

從海綿中擰出蛋汁，或是以木棍用力打蛋，成果都稱不上是打發的蛋，頂多只會得到些許泡沫。然後，在1651年，食譜中開始出現了一定是用打發的蛋所做成的料理。添入甜味且打發過的蛋，稱爲「雪花」，用來爲各種不同的甜點做裝飾。烹飪歷史學家提出的假設是，當時的人一定是從多瘤的木棍和海綿，改換成某種用樹枝做成的打蛋器。甚至有食譜建議使用受損的蘋果樹枝來打蛋白，以增添蘋果風味。我不確定這麼做會不會出現蘋果的味道，但絕對是首次使用打蛋器的紀錄。問題在於，使用單一一根樹枝無法有效打發蛋白，需要把一整束樹枝做成打蛋器，才能達到這個效果。這時，就輪到科學登場了。

蛋白之所以能打發，是由於白蛋白中的蛋白質因攪打而變性，可以更有效地緊抓著氣泡不放。攪拌器非常容易產生氣泡。打蛋器上的每條鋼絲，或者老派的話就是樹枝，穿過液體的同時，會拌入上方的空氣，並產生泡泡。如果你攪打的是水，泡泡很快就會浮上水面並破掉，但如果你攪拌的液體黏性更高，氣泡就會維持原樣一陣子。不過，攪打期間還會發生其他事，因此打發的蛋的氣泡可以維持數個小時不破。

　　用打蛋器攪拌蛋白時，打蛋者的實際動作會讓打蛋器上的鋼絲猛烈重擊蛋白，拆開其中蜷曲起來的蛋白質（詳見第30頁，看看加熱如何達成同樣的結果）。這會暴露出蛋白質長條分子的精巧內部功能——也就是厭水的部分，或者說具有疏水性（hydrophobic）。這些被暴露出來的厭水端，會急忙衝向最靠近的無水處，尤其是混合液中的氣泡。於是，每顆小泡泡的外側都環繞著一層被分解或變性的蛋白質。這些蛋白質很快就會開始彼此結合，在每個泡泡周圍形成穩固的網狀蛋白質結構。

　　此時，主廚會形容這種蛋白液是軟性發泡（soft peak，或稱濕性發泡），如果你從攪拌碗中舉起打蛋器，每條鋼絲上的泡沫都會塌下去，無法支撐自身的重量。如果你繼續攪打，這些蛋白的泡沫會變得更硬，達到硬性發泡（stiff peak）的階段。這時候就是廣為流傳的可以把這碗蛋白舉到頭上往下倒，蛋白應該會黏在碗底而不會掉下來。

　　當你持續打蛋，就會在蛋白質中加入更多能量，泡泡會變得

更小且更多。這會造成幾個影響：讓打發的蛋看起來更白，並減少各個氣泡之間的液體量。環繞在每個泡泡外的那一層變性蛋白質會與彼此相撞，開始糾纏在一起。於是，這些蛋白質會黏在彼此身上，這正是讓打發的蛋變硬的原因。由於此時蛋白質也會開始黏附在碗上，所以你可以做到把碗倒扣在頭上的把戲。硬性發泡的階段，對於製作蛋白霜等甜點來說最為理想，因為這類料理必須在烤箱中維持形狀。

然而，如果你再繼續攪打的話，一切將會泡湯，你會得到業界所稱的乾性發泡（dry peak）的結果。原本成團的泡沫幾乎都碎裂開來，碗底也開始出現液體。此時的問題出在所有蛋白質分子與彼此之間的拉力，大到開始把混合物中的水從氣泡之間擠出來。泡沫中的氣泡因此無法到處移動，一部分的泡沫就凝固了。

為了讓打蛋的過程更容易，至今已經發展出數種方法，其中一些也被證實了比其他方法更容易成功。雖然手動旋轉式打蛋器（編注：這種打蛋器的上方有把手，推著把手持續轉圈，會帶動下方的打蛋器部分旋轉）會讓打蛋的工作變得沒那麼累人，但就打蛋本身來說，它似乎從未發揮該有的功效。比較一下實際所需付出的體力和實際產生的泡沫量，似乎不值得一試。最後，你還是會仰賴傳統的氣球型打蛋器，納悶著自己為什麼還要特地留下那個手動旋轉的器具。

手動旋轉曲柄打蛋器的癥結點，其實是打蛋方式錯了。主廚

建議的打蛋白技巧，不是用旋轉方式，而是用垂直的橢圓形移動方式，將蛋挑到半空中，混入大量空氣。如果你有電動打蛋器，光靠其旋轉的速度，便能帶來絕佳成果，比任何手動方式還要快。然而，多數主廚都拒絕採用這種方法，因為這麼做很容易把蛋打過頭。這類攪拌器的速度快到在完美的硬性發泡和災難的乾性發泡之間，可能只有幾秒之差。

　　選用哪一種打蛋盆也至關重要，因為蛋的體積會增加到八倍大，而且打蛋器也需要可以進行大動作的空間。但是，尺寸不是選擇打蛋盆的唯一重點。如果你負擔得起，銅盆是專業主廚公認最適合用來打蛋的容器。據說，在銅盆中打蛋白不可能會打過頭。我知道這件事以後，當下的反應是「這聽起來像是某種未經證實的傳說」，結果，原來早在十八世紀，就有廚師注意到這種會帶來驚人效果的作法，其背後的原理直到1994年才被釐清。

　　用銅盆打蛋時，會有非常微量的銅在混合液中融解。你先別擔心，銅融解的量遠低於該金屬的每日建議攝取量。接著，這些銅會與變性蛋白質裡易於產生化學反應的硫基化合物結合。這能防止蛋白質之間形成一種格外強大的交聯作用（cross-link），這被稱為硫鍵。額外添加的銅，可有效減少變性蛋白質的黏性，得以讓蛋白質不會緊黏著彼此而形成乾性發泡的泡沫，但依然保有足夠的黏性，可以打發成硬性發泡。銅可能會減緩打發的速度，卻絕對會讓打發的過程更輕鬆。用銀製或金製的打蛋盆也會得到

相同的效果，不過我得承認，要找到這兩種打蛋盆更困難。

　　如果你買不起銅盆，科學可以幫你一把。你要做的不是在蛋白中加入銅，而是加一點酸。擠一些檸檬汁就能奏效了，或者你不想改變味道的話，就加一撮乾燥的酸性粉類，像是塔塔粉（cream of tartar，常見的烘焙材料，擁有嚇人的專有名稱：2,3,4-三羥-4-氧丁酸鉀〔potassium 2,3,4-trihydroxy-4-oxobutanoate〕）。這種酸會產生跟銅一樣的效果，能阻礙硫鍵形成，也會讓打蛋的工作更輕鬆。

　　要讓泡沫維持穩定，加一點糖會很有幫助，儘管這麼做顯然會對味道造成很大的影響。糖之所以能幫上忙，是由於蛋混合液的黏稠性或黏滯性會因此提高。更黏稠的液體較容易緊抓住泡泡，讓蛋白質網狀結構有更多時間可以形成，你必須耗費在打蛋上的力氣就會變少了。另一方面，脂肪是打蛋的大敵。如果蛋白混合液含有任何脂肪，將會大幅降低蛋白被打發的機率，甚至讓蛋白無法打發。脂肪分子實際上會跟蛋白質分子做出一樣的事，因為前者也厭水，或者說具有疏水性。氣泡形成後，脂肪會堆積在泡泡表面，跟蛋白質互搶地盤。如此一來，蛋白質網狀結構便永遠不會形成，泡沫也就塌下去了。

　　那麼，毀掉蛋白需要多少脂肪呢？坊間說法聲稱，只要有一丁點滿是脂肪的蛋黃，就注定失敗。要檢驗這種錯誤觀念很容易，實驗結果發現，即便混入了數滴蛋黃，蛋白還是可以好好打發。另一個食譜上常提及的禁忌，是打蛋時應該要避免使用塑膠

盆。雖然油與脂肪確實會黏附在塑膠盆上，因而在打蛋白的過程中造成問題，但其實這只是表示你沒有用熱肥皂水好好把塑膠盆清洗乾淨，只要你這樣洗它，就能把塑膠表面的脂肪去除了。

打蛋器是一項非凡的器具，能為一種平凡食材帶來複雜的變化，將之變成不凡的成品。只要你了解打蛋器如何帶來上述轉變的科學原理，你在打蛋時就能更像一位專業廚師了。

讓食物保持「冷」靜

　　不論壓力鍋、打蛋器、真空低溫烹調器具（舒肥機）有多麼令人驚奇，它們所帶來的變化全都無法跟我們運用低溫保存食品的能力，以及對電動冷卻系統的仰賴相提並論。2015年，英國超市售出的冷藏與冷凍食品總值達180億英鎊，這個金額大到讓人難以理解其所代表的意義。這樣說好了：你可以當成是在2015年，英國的男女老少都買了也大概吃下了價值275英鎊的冷藏或冷凍食品。當然，大家都會扔掉大量的食物，新生兒也不太可能會吃到那份等同275英鎊的食物量，但是這樣的說法應該讓你有點概念了。這可是占了英國國內售出食品中很大的一部分，而且它們全都得仰賴製冷系統。

　　商業食物鏈中那麼多環節都採用冷藏和冷凍處理，全都是因為阿瑞尼斯方程式，先前在解釋壓力鍋的原理時曾談到這道方程式（詳見第44頁）。如果要用最簡單的說法來解釋它，就是每增加10℃，化學反應速率就會加倍；同樣地，反過來說，每下降10℃，反應速率就會減半。所有可能讓食物腐敗的東西，都是靠化學反應來改變食物所含的分子。只要溫度降得夠低，反應速率就會減緩，食物就能保持在最好的狀態下更久。

細菌是使食物腐敗最常見的原因，就像所有活著的生物，細菌基本上就是一袋袋的化學反應。細菌的化學反應表現也符合阿瑞尼斯方程式，而且，由於有機體內的複雜交互作用，溫度下降時，細菌的化學反應速率甚至減緩得更快。這就是為什麼一大塊肉只要冷凍起來，就可以放得比阿瑞尼斯方程式預測的時間更久。放在21℃或室溫下，肉類的安全貯藏時間只有兩個小時。超過這個時間，肉裡的細菌含量會高到讓肉本身不適合被食用。若你使用低了將近40℃的-18℃來冷凍肉品，化學反應速率應該會減緩為原本的十六分之一（½×½×½×½）。根據計算，肉品在這種溫度下，應該可以安全貯藏長達32個小時（兩小時×16）。不過，生物學顯然不怎麼遵守數學法則，因為細菌在-18℃時會完全停止生長，所以，肉類可以在冷凍庫中貯藏的時間比上述還要長很多。儘管如此，要注意的重點是，這麼做無法殺死細菌。

　　人類運用人工冷卻法已經超過三千年了。以前的人會採集冰和雪，儲存在地下或外牆厚實而可隔熱的特殊冰屋裡，等到天氣變暖時，再把這些冰雪拿來利用。然而，大多數古代文明都只是用冰冷的製冷系統來冰鎮飲料，比較難找到利用低溫來保存食物的證據。在古代能找到的最接近的證明，是西元前四百年左右的波斯圓頂冰窖（yakhchal）。這些冰窖外型龐大，以特殊灰泥打造成十公尺高的圓錐形建築，利用蒸發冷卻的方式在冬季製冰。其後，這些冰塊會一直貯存到夏季。

波斯冰窖

　　我們知道波斯人會利用冰來冷卻飲料，也會製作法魯達（faloodeh，編注：由細粉條和糖漿組成）這種冷凍甜點，但就算他們利用冰窖的低溫來保存食物，也沒有任何證據可以證明這一點。許多作家聲稱古代波斯人曾經這麼做，但看起來只是臆測。一般人理所當然地認為，如果有了可以冷藏的地方，人們自然就會把容易腐壞的食物貯藏在那裡，才能保存得更久，但這是因為大家都理所當然地認為，自己很了解食品保存與造成食物腐壞的科學原理（詳見第149頁）。

利用低溫來保存食物的首例，更有可能是現今北加拿大地區的因紐特（Inuit）原住民。克萊倫斯·伯茲艾（Clarence Birdseye）在1912年左右造訪紐芬蘭（Newfoundland）時，觀察到因紐特人在抓到魚後，會將其急速冷凍，之後要吃時再解凍。伯茲艾先生經常被視為冷凍食品的發明者，但因紐特人顯然早在他之前，就把冰天雪地的環境當成是走入式冷凍庫了。

對我們其他人來說，冷藏和冷凍食品的重大變革，始於發現了蒸氣壓縮製冷循環。其關鍵就在於1755年由威廉·卡倫（William Cullen）這個蘇格蘭人所觀察到的現象。假設拿一種低沸點的液體，像是乙醚，將之置於低壓環境中，液體會揮發並冷卻，從四周吸取熱能。對十八世紀的科學家來說，這可是值得深入研究的大事。他們把東西浸入乙醚時，揮發作用明顯會造成冷卻。就連班傑明·富蘭克林（Benjamin Franklin）也摻了一腳，在寫給友人的信中評論說：「從這個實驗可以看出，是有可能在暖和夏日將人凍死。」最後，在1805年，多虧了美國發明家奧利佛·艾凡斯（Oliver Evans），完整描述如何打造這類液體在揮發期間吸熱、在冷凝過程放熱的循環。現在，只需要把這個蒸氣壓縮製冷循環搭載到機器上，機器就可以把熱能從箱內的空間抽到外面，使其內部變冷。

發明出像這樣可以實際運作的首部實用裝置的人，是蘇格蘭人詹姆斯·哈里森（James Harrison），他為了當記者而移居

澳洲。1856年，他為一部機器申請了專利，該機器最初是為了替吉朗（Geelong）的善良市民製冰，這座城市位於墨爾本（Melbourne）以西75公里遠的地方。那些精明的澳洲人很快就進一步善用哈里森的冷卻裝置，不久便將之設置於釀酒廠與肉品包裝公司。

然而，上述的第二種用途（冷凍食物）成了哈里森的敗因。當時，將牛肉從美國運往英國占貿易的大宗。整趟運送過程所需的時間不到兩週，途中的天氣一向都很冷，船上也會備一點冰，因此在整段航程中就能讓屠體維持不腐敗。英國和澳洲之間的航程時間則要更久。哈里森為了展開貿易競爭，決定將冷凍牛肉運往英國。不過，有人說服了哈里森，表示在船上設置冷凍機的風險太高了，於是，1873年，哈里森在三桅帆船諾福克號（Norfolk）上打造了隔熱的冰庫。上百頭牛隻屠體都經過徹底冷凍，保存在利用哈里森製冷系統所產生的冰塊當中。可惜，他的計算出了差錯，或是那趟旅程的氣溫比預期要來得熱，最後冰融化了。史冊中沒有記載他那些貨物的下場，但是運送冷凍食物的首次嘗試並不成功。

冷凍食品業的誕生以及伴隨大眾消費習慣而來的劇烈變革，在數年後一趟更漫長艱辛的旅程中登場。1882年2月15日，一艘名為但尼丁號（Dunedin）的船，從紐西蘭啟航前往英格蘭，船上裝設了蒸氣動力的冷凍機。這套機組系統每天會燒掉兩噸的

炭，但在航行於熱帶地區的漫長旅程期間，可以讓整個裝置內的溫度維持在冰點以下。那趟旅程充滿了刺激：起火了幾次、斷了幾個曲軸，甚至連船長約翰‧惠特森（John Whitson）在該裝置內工作時，還出現了失溫症狀。最後，這艘船在5月24日抵達倫敦，載著完美的冷凍貨物，包括綿羊屠體4,331頭、羊隻屠體598頭、豬隻屠體22頭、奶油250桶，和未記錄數量的野兔、雉雞、火雞、雞隻，以及羊舌2,226塊。究竟為什麼需要那麼多羊舌，我實在毫無頭緒，但是製冷的時代確實就此展開了。

　　如今，從食品製造商到每個人餐桌上所必經的物流鏈之間，很少有哪個時候不會以冷藏和冷凍的方式來處理。所有新鮮蔬果、袋裝沙拉都需要冷藏，才能避免降解，並延緩過早成熟的情形。此外，還有各種冷凍和冷藏的即時餐、乳製品、肉片、魚片、果汁，以及讓人立刻想起製冷起源的冷飲。一般人看不見將這些食品運到自身周遭的過程，只看到了最終的結果。但不久前，我參與拍片，很幸運能夠一睹整個運作過程的一小部分。

　　英格蘭只有三個冷凍食品配送的中央運輸樞紐。這些大型處理中心被稱為「冰塊」，它們設置在英國各處的地點，都經過管理層面的考量，負責接收當地種植的冷凍農產品。這些農產品會先保存，接著分類，再回到冷藏卡車上，載往店家，不只限於當地地區，還會送往全球各地。這項作業的規模令人歎為觀止。

　　結論就是，在科學的範疇內，進行實驗時，終極的最後目標

是得到結果。不過，進行科學實驗所需的專門知識與技能，顯然是全面了解科學的一個必要環節。有時，如何達成結果與結果本身一樣重要。同樣地，食物的科學重點不只是如何準備食材，也在於食物本身具有的化學、生物、物理特性。因此，不論是刀身、高檔的高壓或低溫料理機，或是樸實無華的打蛋器，廚房中的科技都值得深入探究，本書稍後也會再進一步探討這些科技的未來發展。

2

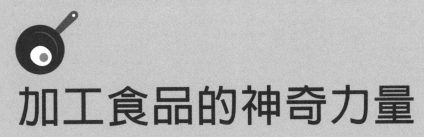

加工食品的神奇力量

The Magic of Processed Food

從大炮發射出來的早餐麥片

　　就像廚具背後隱藏的原理比表面看起來的還要深奧，超市貨架上五花八門的加工食品也暗藏著一些相當驚奇又古怪的科學。以早餐麥片為例，（根據你位於地球何處）這種食品又稱為「蜂蜜怪獸麥片球」（Honey Monster Puffs，前身為「糖麥片球」〔Sugar Puffs〕）或「蜂蜜滋味」（Honey Smacks）。這些口感輕盈的一小口食品，由整顆小麥膨化而成，再淋上糖，添加維生素。雖然我個人不怎麼喜愛這些早餐麥片，卻很欣賞商家為了生產這類食品而投注的心力。

　　首先，要找到水分含量介於13%到14%之間的小麥粒。接著，將這些麥粒倒入一個基本上就是大炮的裝置，尾端以密封蓋緊緊鉗住。再把這門大炮放在熱源上，以炮管為軸心旋轉，翻攪裡面的麥粒。隨著這些麥粒慢慢被加熱，大炮內部的壓力也開始上升，不只炮管中的空氣會膨脹，提高壓力，麥粒含有的部分水分也會化為蒸氣，進一步讓壓力增加。壓力上升的同時，麥粒內的澱粉會發生奇特的現象。在這個名為「糊化作用」（gelatinization）的過程中，澱粉會從又硬又乾的塊狀，變成像是熔化塑膠般的柔軟物質。當溫度到達55℃時，構成麥粒主要成分

的澱粉微粒會吸收小麥中的一些水分。熱與水會破壞排列整齊的半結晶澱粉分子，將其解開成為義大利麵般的彎曲長條分子。由於這些分子可以隨意與彼此交疊，不受晶體結構限制，澱粉會變成像果醬般的稠度。

當大炮內的壓力達到大氣壓的14倍（14,000百帕）時，緊扣著蓋子的金屬鉗會被鐵鎚用力一敲，砰地一聲釋放蓋子與所有壓力。然後，所有的麥粒會從大炮中猛地飛出來，且由於壓力瞬間下降，每一粒小麥中所困住的水分會突然變成蒸氣，讓糊化的澱粉膨脹鼓起。接著，每顆麥粒在冷卻時，糊化的澱粉會固化，最後得到的就是膨化的小麥，準備好要裹上糖與維生素，製成你早餐的一大樂事。

以上過程被稱為「膨發槍加工」（gun puffing），因為膨發的麥粒是真的從壓力容器的一端被發射出來。那幅景象看起來相當壯觀。光是聲響就夠嚇人了：壓力容器炸開時會發出巨大的「砰」一聲，接著是膨發好的麥粒大量湧出。同樣的科學原理也是其他膨發食品的加工基礎，但很多都不是採用膨發槍。米香是另一種受人喜愛的早餐，製作方法是把半熟米粒放進非常熱的烤箱裡，溫度超過250℃，通常會高達300℃。溫度的急遽改變會讓米粒中的水沸騰，使糊化的澱粉膨發。

　　讓玉米爆開的也是同樣的原理，不過，玉米粒的優勢是每顆外面都包裹著一層堅硬的種皮，剛好可以自行產生如壓力容器般的效果。玉米粒被加熱時，內部會逐漸累積壓力，直到種皮裂開，每顆玉米粒都經歷各自的減壓風暴後，膨脹的澱粉便會形成讓全世界電影迷都愛不釋手的爆米花。

　　運用上述三種方法，各式各樣的穀類都可以進行膨發加工，不只是小麥、米、玉米，就連大麥、燕麥、小米、高粱，甚至不是穀類的藜麥也可以。

　　利用蒸氣使糊化澱粉膨發的科學還不只如此。你甚至不需要膨發完整的穀粒，而是將磨碎的玉米澱粉製成略帶水分的混合物，加熱到糊化，再加壓，從噴嘴擠出。這團高熱的澱粉離開噴嘴時會減壓，膨脹成玉米脆條，只要在上面撒大量起司粉，它就成了起司口味的 Wotsit（英國）、Cheeto（美國）、Kukure（印度）、Nik Nak（源自南非）或 Twisty（澳洲）。

用澱粉、藻類稠化各種食品

　　如果膨發早餐麥片非你所好，澱粉科學的觸手還深入了各種數不清的加工食品。澱粉只要糊化（詳見第60頁），就會因吸水而膨脹，變得黏糊糊。此時，若你再繼續提高溫度的話，第二種反應程序就會展開，也就是英文名稱容易讓人搞混的「凝膠作用」（gelation）。像玉米澱粉這類食品，一旦溫度達到90℃，澱粉便會開始產生凝膠作用，將穀粒內的一些澱粉分子滲漏到周圍的水裡。

　　從外觀來看，澱粉是一種相當簡單明瞭的化學物質，由名為葡萄糖（glucose）的糖構成了長鏈分子。每個葡萄糖的糖分子本身是由五個碳與一個氧所組成的六邊形環形結構。如果把上百個到上千個這樣的環狀分子扣在一起，最後會得到很長的自然蜷曲長鏈分子，被稱為「直鏈澱粉」（amylose）。

　　澱粉粒中的直鏈澱粉會緊實地排好，每個直鏈澱粉會挨著隔壁的澱粉分子整齊排列。不過，一旦糊化作用發生，直鏈澱粉獨自被釋放到水中後，就能隨意扭動，怎麼亂黏都沒關係。水中所有的直鏈澱粉會開始黏到別的直鏈澱粉分子上，交織成複雜的立體網狀結構。這時候，這個網狀結構擋住了水分子的去路，讓

它無法像之前一樣隨意活動。當水分子無法隨意活動時，整個混合液就無法輕易流動，而開始變稠。如果你選擇在週日烤肉（Sunday roast）這道料理的肉汁中加進玉米澱粉，還同時加了一些酒和一茶匙的紅醋栗果醬，那麼美味的肉汁（gravy）就會因此稠化。

　　用澱粉來稠化醬汁，並非特別出人意料的作法，因為多數人都親身嘗試過。然而，剛才簡略描述的過程，只觸及了長鏈糖分子能耐的表面而已。實際情況比上述描述的更複雜許多。所有澱粉都不一樣，也絕對不是只由直鏈澱粉所構成。事實上，這種澱粉甚至不是天然澱粉的主要成分，只占了總重量的兩成到三成。

　　澱粉粒中，最常見的分子叫做「支鏈澱粉」（amylopectin），它與直鏈澱粉關係密切，一樣能讓醬汁變稠。不過，直鏈澱粉是簡單明瞭的分子，容易產生交纏成團的網狀結構並稠化肉汁，支鏈澱粉就比較複雜了。支鏈澱粉具有相同的化學結構，也就是葡萄糖長鏈分子，但這種澱粉不是呈現一整條筆直的長鏈，而是分枝成叢狀的複雜結構。

　　儘管單一分子的支鏈澱粉與直鏈澱粉可能擁有一樣多的葡萄糖次單元，前者卻比後者更小，因此稠化醬汁的效果沒有那麼好。請想像一下，水中有一大堆很長的直鏈澱粉分子，這些分子到處亂晃，與彼此撞在一起、黏在一塊，不久後就有完美的肉汁了。另一方面，支鏈澱粉相較之下小多了，所以不常撞上其他分子。如果要用支鏈澱粉來稠化的話，需要更多的量，成果也比較

不穩定。

食物科學中有一整個領域名為「食品流變學」（rheology），專門研究液體與凝膠的稠度變化。食品流變學家致力於改變加工食品的稠度，主要是利用長鏈糖分子來達成這個目標。幾乎在所有包裝食品的一側都能看到食品流變學家的成果。最常見的會是列為成分之一的「改質澱粉」（modified starch）。

你可能會問，為什麼必須要將澱粉改質？澱粉原本發揮出來的效果就已經夠好了吧？答案是對，也不對。如果你是在家或在餐廳煮菜，食物立刻就會被吃掉，把用慣的單純麵粉或玉米澱粉當成增稠劑，就能發揮絕佳效果了。不過，如果你想讓製造出來的食品可以經過包裝、運輸、冷藏的程序，也許還要冷凍並存放在架上達數個月，挑戰性就更高了。

但若食品需要經過冷凍的話，使用玉米澱粉的這種可靠老方法根本沒用。由於冷卻過的水會從直鏈澱粉的網狀結構中被擠出去，已經稠化的食品表面會滲出液體，導致消費者拒買該商品。另外，如果要製作一大批需要稠化的食物，添加那種每次都會產生不同結果的原料，沒有半點幫助。澱粉的特性，就是直鏈澱粉與支鏈澱粉含量的確切比例，會根據使用的作物種類、收成時期、生長條件等，出現極大的差異。因此，加工食品產業需要一個更好的解決辦法。

其中最常見的改質澱粉名為「麥芽糊精」（maltodextrin）。麥芽糊精的製造方法，是將未分支葡萄糖長鏈的直鏈澱粉分子，

切成更短的長度，每個單元約十個葡萄糖。最後會得到一種非常輕的粉狀物質，嚼起來的口感有點奇特。這種粉末非常容易溶解，但除了有一點甜味之外，沒有其他味道。這一個特點同樣適用於多數的純改質澱粉產物，它們嚼起來都沒什麼味道，卻具有各種可供食品流變學家實驗的有趣特性。

舉例來說，麥芽糊精非常會吸收脂肪。你可以用麥芽糊精把液態脂肪變成乾燥粉末，卻不會讓味道出現明顯的改變。將麥芽糊精添加到炸過的點心類食品，就能吸取殘留的油，讓產品摸起來或吃起來不會很油膩。由於麥芽糊精基本上不會影響風味，水溶性極高，因此可用在液態產品上增添其分量，同時增加黏度，卻不會變甜。正因如此，麥芽糊精被添加到沙拉醬等食品裡。麥芽糊精也是一種非常穩定的產物，不會隨著時間而有所變化或腐敗，因此奪下了加工食品萬用成分的寶座。

雖然改質澱粉是加工食品的主要添加物之一，但也有其他來自糖的長鏈分子是用不同的來源製造而成。特別受歡迎的一種名為「鹿角菜膠」（carrageenan），它不只出現在眾多加工乳製品的成分表上，洗髮精、植物奶、加工肉片，甚至是啤酒的成分中也看得到它。

鹿角菜膠分子的名稱源自鹿角菜（carrageen moss），這種紅藻生長在歐洲與北美的北大西洋岩岸，是一種相當常見的藻類。從千里達到愛爾蘭等地區的居民，將其運用在傳統料理上已經有

數個世紀了。比方說，如果把鹿角菜的藻葉放入牛奶中煮沸，牛奶冷卻後就會定形成質地柔軟的果凍，有點像義式奶酪（panna cotta）或牛奶凍（blancmange），不過可能會殘留一點海水的味道。

　　鹿角菜膠是來自上述海藻的活性成分，生產方式至今依然是在採收海藻後，於水中煮沸，接著進行純化。這種溶液已經被食品科學家徹底研究過一番了。表面看來，鹿角菜膠的結構與直鏈澱粉非常相似，同樣是由六角環糖單位所組成的長鏈分子。然而，最關鍵之處就在於細節，以鹿角菜膠來說，重點全在於每個糖次單元中碳原子與氧原子之間的數個鍵結，相較於長鏈分子的

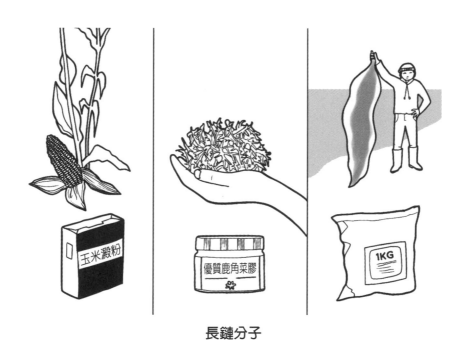

長鏈分子

其他部分，這幾個鍵結是往上伸，而非往下。

　　要是比較直鏈澱粉和鹿角菜膠的話，你會發現這兩者的化學式完全相同，原子全都是以相同的順序與彼此鍵結。唯一的差異，就在於這兩種分子在某些地方與彼此互為鏡像結構。這樣的差異導致這兩種分子成為不同的食物。直鏈澱粉會產生的一個問題是，如果把它加進乳製品中，它會與一些蛋白質產生反應，使乳製品變得有點黏糊。另一方面，鹿角菜膠不會有這種問題，因此才會出現在那麼多乳製品當中。鹿角菜膠也能夠抑制冰晶的形成，所以你會發現鹿角菜膠不只被用來稠化奶昔類食品，也會被運用在冰淇淋的製作。

　　如果這些澱粉般的增稠劑屬於基本類型，那還有幾種更古怪的增稠劑。以甲基纖維素（methylcellulose）為例，這是一種合成添加物，製作方法是使用結構介於直鏈澱粉與鹿角菜膠之間的纖維素（cellulose），在其長鏈分子上另外增添幾個碳原子。結果就會得到可產生凝膠的分子，就像直鏈澱粉和鹿角菜膠一樣，只是這種凝膠遇熱會凝固、遇冷會液化，與後兩者完全顛倒。

　　由於這種東西特性怪異，在食品工業的需求不大，因此很少派得上用場。但你可以想想以下這件事：想像你要做餡料較厚的迷你蘋果派。如果你是在自家做的話，很可能會碰上「烤溢」（bake-out）的問題。倒入派皮中的餡料，之所以會變成令人滿意的濃厚黏稠狀，是因為蘋果富含果膠（pectin），而果膠會以非常

複雜的方式混合不同的糖鏈分子，構成像直鏈澱粉和鹿角菜膠般的凝膠。在烘烤蘋果派時，它的內餡會變熱、熔化，開始流動。當稀軟的餡料開始冒泡時，就會流到派皮外面，在派盤和烤箱底部留下一團黏黏的東西。這表示你剛碰上烤溢的麻煩了。不過，如果你有先使用甲基纖維素將派餡稠化的話，那麼派餡一經加熱就會變得愈來愈堅實。如果蘋果餡不是液態狀，就無法冒泡流到派皮外，可以避免出現烤溢的情況。

　　我想提的最後一個增稠原料，可能是最古怪的一種。褐藻酸鹽（alginate）正如其名所示，是源自一種藻類，或者確切來說是褐藻，例如大型褐藻（kelp，亦稱為巨藻）。就像鹿角菜膠，褐藻酸鹽的基本處理方式就是在水中把海藻煮沸，撈出結塊，將煮好的溶液脫水，製成白色粉末。這種義大利麵條般細長分子的化學結構，你聽起來應該會覺得非常熟悉：六邊形糖分子所組成的長鏈。接下來，你將再次看到，正是這種分子的結構順序，以及原子側基（side group）連接到這些六邊形分子的方式，讓一切大為不同。

　　就褐藻酸鹽來說，由於加入了所謂的酯基（ester group），分子會在水中帶負電荷。雖然褐藻酸鹽確實會形成類似於直鏈澱粉和鹿角菜膠所產生的凝膠，但真正能發揮褐藻酸鹽的超強神祕力量的時候，是在稀釋溶液中加入鈣。鈣混入水中時，每個鈣原子會帶兩個正電荷。由於褐藻酸鹽帶有負電荷，鈣會抓住這些長鏈

分子並黏在其上。巧妙之處在於，因為鈣原子具有兩個正電荷，可以抓住兩個褐藻酸鹽分子，這些分子就會產生交聯作用，逐漸形成凝膠。因此，要把稀釋過的冷褐藻酸鹽溶液變成凝膠，只需要加一點鈣就行了。

　　分子料理專家或是熱愛利用科學來實驗的主廚，都會使用褐藻酸鹽的這種特性來做一些稀奇古怪的事。比如說，製作又稀又酸且具有果香的美味李子泥，再混合一小撮褐藻酸鹽粉末（比例約為200：1）。然後，準備好一碗稀釋的氯化鈣。接著，使用注射器，將小滴的李子果醬一一滴進氯化鈣混合液中。當李子與褐藻酸鹽的混合微滴，落入氯化鈣溶液中，開始下沉，褐藻酸鹽就會立刻開始從液體變成凝膠。它的分子會在小滴的李子精華外面，形成一層果凍般的薄膜。接著，把這些胡椒粒大小的小滴李子凍，從氯化鈣水浴中撈出來，用清水沖洗一下，李子口味的「魚子醬」就完成了。當你咬下這些假魚子醬，每一小顆都會在嘴裡爆發出李子的風味。喜歡實驗的主廚都利用過這種方法，創造出各式各樣的瘋狂食物成果。在一杯香檳中滴入橙酒魚子醬，聽起來如何？外觀也不必非得是小小的顆粒狀。你可以用褐藻酸鹽來製作長形麵條，它只要一被咬下就會液化，或者看起來是實心的大顆粒，切開時卻會湧出醬汁。

　　以上這一切聽起來令人興奮又具特色，你大概以為它與一般超市的加工食品沒有什麼關係，但是，你會發現褐藻酸鹽被運用在很多地方。就像鹿角菜膠，褐藻酸鹽也添加到冰淇淋等大量乳

製品中，因爲就算沒有鈣所帶來的那些額外刺激成果，褐藻酸鹽本身就已經是萬能的優良增稠劑了。

　　你有沒有吃過紅心橄欖（stuffed olive）？如果你查看橄欖中的紅甜椒餡的成分表，裡面通常會包含褐藻酸鹽。原來，要製作紅心橄欖有兩種方法。一種需要費力地把小塊的紅甜椒一一戳進橄欖裡，另一種則是使用褐藻酸鹽。倘若採用第二種方法，就要先取出橄欖核，再將濃稠的紅甜椒與褐藻酸鹽泥注入剛才的孔洞中，最後把橄欖丟進含鈣的水中，鈣就會讓紅甜椒凝膠定形，使其擁有跟完整紅甜椒一樣的質地，如此一來，就能輕鬆做好紅心橄欖了。大蒜餡和鯷魚餡的橄欖也是採用同樣的作法。如果你仔細看成分標示，上面通常會標示橄欖是塞入某種泥糊。這會對味道或口感產生影響嗎？除非你不怕麻煩地剖開橄欖，檢查內部結構，不然很難區分其中的差異。

　　加工食品背後的科學，大多都會再三回到產品要有什麼口感，以及要如何充分運用這些科學原理，才能符合消費者、生產者以及產品運輸人員之間有時互相衝突的要求。想要在這三者之間找到平衡，就需要可巧妙發揮作用的五花八門化學物質，例如直鏈澱粉、甲基纖維素、鹿角菜膠，都能恰好在適當的時機或溫度，稠化或稀釋食品的質地。除了非常少數的例外，所有這些產物都是源自同樣的基本化學原理：六邊形糖分子所形成的長鏈會纏在一起，產生凝膠。

當麵包遇上科學

　　澱粉與眾多衍生物，不是唯一在食品製造過程中扮演要角的義大利麵形長鏈分子。如果你要做麵包，得利用酵母和糖所產生的發酵作用來做出輕盈蓬鬆的麵包，還得讓麵糰產生一些麵筋。

　　混合麵粉和水來製作麵糰時，會發生幾件事。門戶大開的碎裂澱粉顆粒會吸收水分，釋出酵素，開始消化暴露在外的澱粉。這個過程會產生糖，麵糰內的酵母會以這些糖為食物，並因此製造出二氧化碳氣體，使麵糰開始發酵。這就是烤麵包的關鍵之處。但同等重要的是，麵粉所含的兩種蛋白質也會吸收水分，分別是「麥穀蛋白」（glutenin）和「麥醇溶蛋白」（gliadin）。這兩種蛋白質吸收水分後，麥穀蛋白會解開成為可扭動的長條分子，麥醇溶蛋白則會接著與之結合，結果就產生一種蛋白質複合體：麵筋（gluten）。由於麵筋複分子會黏住彼此，麵筋整體很快就會變成由一條條分子纏結而成的網狀結構。正是這種結構讓麵糰能夠伸縮並具有彈性。

　　傳統上，這一大團濕黏的澱粉與麵筋網狀結構，在此時需要好好揉上十分鐘左右。揉麵糰的目的，是為了解開麵筋的網狀結構，使其變得更為強韌。當麵糰被延展開來時，麵筋蛋白質的長

條分子會逐漸靠著彼此整齊排好，這有點像一堆纏在一起的頭髮被梳理開來。麵筋蛋白質在整齊排好後，會靠得更近，彼此之間也會形成更多化學鍵，讓麵筋的網狀結構變得益發強韌，因此會產生柔軟平滑又具有彈性的麵糰。

當你自己動手做麵包時，就能看到上述這段過程。最初，如果你捏著麵糰往外拉，一小塊麵糰就會輕易脫離開來。在麵糰經過充分揉捏後，麵筋網狀結構成形了，這時你再捏著麵糰往外拉，麵糰會被拉長，如果你沒有把它拉得太遠，它甚至會反彈回去。如果你將麵糰靜置發酵，麵筋的彈性會困住所有酵母產生的二氧化碳氣泡，那麼麵包在烘烤後就會變得輕盈蓬鬆。這個製作過程是已知最古老的食物準備方法之一。人類製作發酵麵包食品至少已經有一萬年了，可能還要更久。幾千年來，這個過程沒有出現什麼重大變化，直到1961年，有人發明了喬利伍德麵包處理法（Chorleywood bread process，編注：將大部分製程都交給機器處理，尤其是巨型攪拌機）。

在英國，談到種植小麥（也就是製作麵粉所需的原料）時，會碰上一個問題。英國的冬天就是不夠冷，幾乎整個英國都籠罩在從赤道流向大西洋的墨西哥灣暖流之下。英國的冬季不算特別嚴寒，尤其是那些最適合栽種小麥的地區。因此，英國種植出來的大多數小麥，裡面的蛋白質含量都很低，通常只占總重的一成左右。不幸的是，這個含量無法產生好麵包所需的足夠麵筋。要製作出好的麵包，麵粉的蛋白質含量至少需要13%，理想中還要

更高一點。

　　小麥隨著品種不同，其種子所能產生的麵筋多寡也有所不同。但所有高筋小麥品種都需要歷經一段嚴寒時期，才能得到最佳的蛋白質含量，而這一段嚴寒時期就是英國欠缺的部分。上述過程被稱為「春化作用」（vernalization，或稱為種子促熟），最先由極具爭議的俄國科學家特羅菲姆·李森科（Trofim Lysenko）所證實並由他命名。雖然他晚期的優生學相關研究已經完全不被採信，但早期關於植物的看法，依然有很多都能在教科書中找到。

　　許多不同的植物都需要春化作用，而需要這道程序的小麥品種則被稱為「冬麥」。在北半球，小麥種子通常是播種於9月到11月之間。這些種子會在冬季真正降臨前發芽，長出小株的小麥。冬麥需要經過至少持續30天的氣溫介於0℃到5℃之間的時期。這些冬麥會快樂地熬過零度以下的氣溫，即便覆蓋著一層白雪，也能繼續存活，直到春天來臨，便能再度開始生長。要是少了春化作用，麥株會比較小，對麵包製作的重大影響則是無法產生足以做出麵包的麵筋。

　　成功進行春化作用的冬麥，會產生硬質小麥，可進一步製成高筋麵粉。相反地，幾乎所有種植在英國的小麥都屬於軟質，只能當作低筋麵粉使用。要在英國做麵包的話，常見的作法是使用進口小麥，通常來自加拿大，因為那裡冬季寒冷，小麥也屬於硬質。

　　喬利伍德麵包處理法就是在這時候登場。喬利伍德是位於倫

敦西北一處不起眼的村莊，剛好位於M25外環高速公路外。自二次世界大戰起，該村也是英國烘焙產業研究協會（British Baking Industries Research Association）實驗室的所在地。1961年，這些實驗室的科學家研發出一種製作麵包的方法，不需要用到高筋麵粉，而是可以完美善用英國的軟質麵粉。從此之後，喬利伍德麵包處理法就散播到全世界，如今，英國麵包約有八成是採用這種方法製作。

這個處理法的關鍵，在於可以把麵筋含量有限的軟質麵粉，變成可發揮作用的麵筋網狀結構，前提是要在短時間內極為激烈地揉麵糰。這不是一般人在家裡能做到的方法，因為揉麵糰的機器非常龐大。喬利伍德處理法只適用於數量龐大的麵包。如此劇烈地揉麵糰，會為麵包增加大量能量，有助於麵筋分子克服無法黏在一起的障礙，產生具有彈性的網狀結構。

這種瘋狂揉麵糰的方法有幾個缺點。首先，麵糰會變得非常燙，可能會妨礙酵母發揮作用。要避免這一點，就得不斷在密封的揉麵糰桶外覆上一層結冰水。其他問題則是麵糰摺疊太多次的話，會摻入過多氣泡，導致最終的成品裡出現許多大孔洞。為了不讓這些氣泡留在麵糰裡，揉麵糰桶也會處於半真空的狀態下。揉好麵糰後，氣壓會在數分鐘內恢復成原本較高的狀態，任何形成的氣泡都會被壓扁。

因此，喬利伍德麵包處理法讓英國可以用較少的進口麵粉，自行製作麵包。這顯然會影響製造業所帶來的環境衝擊，因為

食物里程明顯減少許多。這種處理法帶來的一項意外好處，就是採用這種方式做一塊麵包所需的時間更少了。以傳統方法製作麵包，可能需要花十二個小時；採用喬利伍德麵包處理法，麵包製作時間可以縮短到三個半小時。兩者看起來差異不大，但光是在英國，一天就會消耗掉逾五百萬個麵包。

改變麵包製造業的還有另一種處理法，也值得在此提一下。就像喬利伍德麵包處理法，這種處理法不只能做出質地一致且細致的麵包，也與傳統麵包製法大不相同。在日本，麵包製品是由葡萄牙商人在十七世紀引進。最先被帶到日本的其中一種製品，是傳統的葡萄牙甜麵包，或稱爲 pao duce，質地非常細致柔軟。在這之後，麵包逐漸融入成爲許多日本料理的一分子，包括把這種甜麵包壓碎成細麵包屑，用來裹其他食物，再拿去油炸，產生酥脆麵衣。

據說，二次世界大戰期間，日本士兵原本無法在戰場上做出麵包，直到有人靈機一動，決定用坦克電池來試試。結果誕生的就是日式麵包，據我所知，這是全世界料理中唯一直接運用電力製造的食品。今日，這種麵包的製作過程會採用成排的方形鋼盆，各約30公分寬、10公分深，同時各塞入一小塊麵糰。這些鋼盆大批整齊排列，再接上會產生高電壓與高電流的電力。電力直接流經麵糰時，電子的運動會磨擦生熱，進而烤熟麵包。結果所產生的一大塊麵包，沒有麵包皮，質地非常細致，氣孔大小

也一致。在日本，有些日式麵包會切成三明治大小的麵包片，但絕大部分都會風乾十八個小時，再仔細切碎成薄片狀的日式麵包粉。如果你曾經吃過任何以酥脆麵包粉裹著的日本料理，那些麵包粉就是用上述獨特的處理法所製成的。

大家經常擔心超市賣的麵包，認為它們比起麵包師傅手工製作的同款麵包，對人體比較不好，或是採用了異於自製麵包的方法來處理。雖然全麥麵包確實可能含有更多的纖維，但不論製造過程採用哪種方式，只要是使用白麵粉的麵包，幾乎都含有相同的營養價值。而且，在一項近期研究中，任職於以色列魏茨曼科學研究院（Weizmann Institute of Science）的科學家指出，除了纖維含量，人們所吃的麵包種類不會帶來什麼差異。

他們請兩組受試者在一週內，早餐只吃四塊麵包。其中一組是吃以喬利伍德處理法製作的白麵包片，另一組則是吃全麥天然酵母麵包。結果很有趣，但不是因為有明顯差異，而是什麼也沒有顯示出來。研究人員從受試者身上取樣分析，想知道麵包會在多短的時間內被轉換成血液中的葡萄糖。他們也研究了腸道微生物群（詳見第138頁），想知道這些食物是否會對受試者的消化系統產生任何長期的影響。

然而，不論是哪一項研究，不管受試者是吃全麥天然酵母麵包或喬利伍德法白麵包，都沒有產生顯著的差異。事實上，最大的差異出現在受試者之間。有些受試者在吃了喬利伍德法麵包

後，血糖濃度大幅上升，有些人則是在吃了天然酵母麵包之後，血糖也會上升。身體對於吃麵包這件事如何產生反應，最大的因素不在於吃哪一種麵包，而是取決於每個人特有的基因組成，以及住在腸道內的菌種。也許這個結論不令人意外，因為所有麵包主要都是由同一種原料製成，也就是麵粉，而所有麵粉都是由澱粉構成的。

喬利伍德麵包處理法，以及至少在日本採用的日式麵包製造法，為烘焙產業掀起了革命，也讓人可以在做出質地一致麵包的同時，將這些麵包的食物里程縮到最短。因此，不論是高速、高能的揉壓方式，還是直接運用電流的方法，都只是彰顯出麵包是全球第一種加工食品，而且到了二十世紀還出現了幾個前所未見的驚喜發展。

各式各樣的即溶粉

　　我首次接觸到速食馬鈴薯泥，是在1989年左右，當時，我正在約克郡谷地（Yorkshire Dales）參加健行之旅。雖然住宿地的烹飪設備相當齊全，但實際買得到的食品選項卻不多，我只好買了一包速食馬鈴薯泥。我之前從沒吃過這種東西，而且老實說，那次的經驗不怎麼好，不過，那有可能是我想把薯泥變成正餐，而添加了其他東西的關係。罐頭醃牛肉和速食薯泥顯然不是什麼絕佳組合。不過，真正讓我跌破眼鏡的是，這一小堆乾燥薄片般的東西，竟然能夠在轉瞬間就變成一整鍋的馬鈴薯泥。這種變化只需要10～20秒。速食薯泥擁有近乎神奇的特性，關鍵在於簡單的脫水原理。只不過情況沒有那麼單純。

　　如果你試著搗爛一些馬鈴薯，再把這一整塊薯泥同時收乾，會碰上各種問題。你不能把馬鈴薯放進平底鍋，拿到火爐上加熱。若要維持馬鈴薯泥的質地，你必須小心地避免加熱過頭。倘若你加熱過度，澱粉粒會開始分解變色，為馬鈴薯增添一股燒焦的焦糖味。此外，你也必須注意不能攪拌得太劇烈，因為這麼做會讓澱粉糊化，最終得到膠水般的黏稠薯泥。除此之外，乾燥過的薯泥應該至少95%不含水分。若非如此，馬鈴薯泥不只在保存

時很快就會腐敗，你在加水後也會出現結塊。由此可見，要讓薯泥變得乾燥，可能是比表面上看起來更困難的作業程序。

讓薯泥得以乾燥的產業機密，是旋轉式滾筒乾燥機（drum dryer）。老實說，這不算是什麼機密，只是沒有被大肆宣傳而已。首先，你要有一堆搗成糊狀的馬鈴薯泥。接著，如果是採用基本機型，這些薯泥會被放上緩慢旋轉的高熱滾筒。當滾筒旋轉時，上面會塗上半公釐厚的馬鈴薯泥。不停旋轉的滾筒乾燥機之表面，會藉由內部的加壓蒸氣加熱，因此運作時的溫度會高於100℃，還可能高達200℃。由於薯泥黏在乾燥機表面上，它所含有的水分會被迅速蒸發，等到滾筒轉了差不多半圈，僅僅數秒之內，薯泥就變乾了，形成一層極薄的乾燥薯泥。接著，它們會被長型刀片刮下來，切成碎片，就成了速食薯泥。

如果是使用更大台的乾燥機——滾筒直徑超過1公尺，長度高達5公尺。它們會裝上許多小滾筒，負責抹平薯泥，將一公分厚的一層薯泥，逐漸壓成一大片極薄的乾燥薯泥。

就算是基本的小型乾燥機，也可以在一個小時內製造約2公斤的速食馬鈴薯薄片。

食品加工業採用滾筒乾燥機的理由有兩個。第一，這種機器非常善於將濃厚黏稠的混合物變得乾燥，像是薯泥或水果泥。這些乾燥過的混合物，很容易就會黏在滾筒上而不會脫離，要剝除時也能處理得很乾淨，能夠持續進行相同的作業程序。第二項優勢則是最後會產生薄片，而非粉末。像速食薯泥這類速食食品，

在你加入水分時，如果沒有好好攪拌，粉末型的往往會結塊，薄片型的則不太會出現這種問題。原因在於形狀上，薄片薯泥不會被壓得太緊實，比起一堆粉末，水更容易在一疊薄片之間和周圍流動。

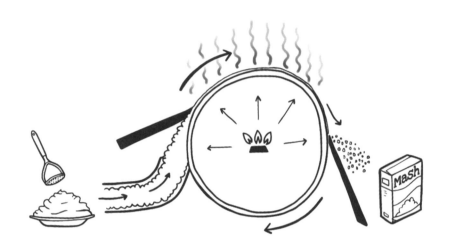

雖然滾筒乾燥處理對薯泥來說很理想，卻無法在許多速食食品上發揮作用。比如奶粉，因為所需用來加工的原料（牛奶）太過液態，無法以滾筒來處理，而且滾筒使用的溫度也會把牛奶煮沸，大幅改變牛奶的味道。因此，製造奶粉時，需要的是噴霧乾燥機（spray dryer）。基本上，這種乾燥機就是一台去除水分的機器，但其運作方式是讓乾燥時溫度盡可能維持得愈低愈好，比滾筒乾燥機採用的溫度還低。

這種機器的基本原理，是先製造出小滴的液體，比如牛奶，

再讓這些液滴於熱空氣中落下，液滴所含的水分便會迅速蒸發，留下微粒狀的乾燥粉末產物。實際應用這項原理時，是採大規模的方式進行。大型工業噴霧乾燥機的直徑有6公尺，高度超過30公尺。將近100℃的熱風會吹過乾燥塔的頂部，而要乾燥的食品則會從乾燥塔最頂端的細噴嘴注入。噴霧乾燥機上的噴嘴經過相當徹底的科學研究，因為它們控制著最終微粒的大小。噴嘴太小就會得到塵埃般的奶粉，太大的話，液滴落到乾燥塔底部時不會變乾。而在塔底，乾燥粉末和所有熱風與蒸氣都會被吸入旋轉旋風室，有點像那些新潮的無袋吸塵器。粉末會落到旋風室的底部，蒸氣與空氣則會被排出。

對一些採用噴霧式乾燥的產品來說，處理程序到此為止。在做出粉末之後，就會經過包裝，賣給一般民眾。諸如湯包粉和高湯粉等食品，都是來自這個單純細粉階段的產物。不過，像是牛奶和咖啡這種最常見的粉狀食品，還會進行第二道程序。工廠會在這些粉末上再灑一點水，將之略微晃動，讓粉末黏在一起，形成鬆散的小塊狀。這是為了美觀而進行的程序，因為消費者顯然更重視有點鬆脆的小微粒，而不是口感一致的細緻粉末。

然而，不論是滾筒乾燥機或噴霧乾燥機，都不是讓食物乾燥的真正科學宅方法。上述兩種方法的問題在於：要讓食物乾燥，就必須加熱。在製程上，確實可以用極低溫度進行長時間的加熱，比方說50℃，但這可能冒著食物在完全乾燥以前就腐敗的

風險。或者也可以採用滾筒乾燥機和噴霧乾燥機的作法，運用比上述高出許多的溫度在短時間內加熱。問題是，像這樣的高溫會改變食物成分的化學性質，尤其是那些與風味相關的化學物質，就算只是短暫暴露在高溫之下也一樣。這對湯包粉和馬鈴薯泥來說不算是什麼大問題，因為兩者所含的細緻風味相關化學物質相對較少。另一方面，像咖啡這種食品就富含細膩的香氣分子。於是，食品加工業想出了巧妙對策，可以不利用高溫就移除水分。

還記得阿瑞尼斯方程式（詳見第44頁和第52頁）嗎？隨著溫度升高，所有化學反應也會加快。因此，雖然用高溫可以除去水分，卻一定會產生改變風味與質地的化學反應。這就是為什麼讓水分極快速蒸發如此重要了。滾筒乾燥法與噴霧乾燥法都展現出人們盡力想把化學變化減至最少，同時盡可能蒸發最多水分的企圖。幸好，只要好好應用科學，就能用較低的溫度把水煮乾。

壓力鍋之所以煮得快（詳見第40頁），靠的是加壓，讓水在更高的溫度沸騰。根據相同的原理，在減壓的情況下，水就會在更低的溫度沸騰。這就是讓愛喝茶的登山客深感困擾的事情。爬到山頂時，氣壓會下降，水煮沸的溫度也會降低，因此無法泡出一杯好茶。身為英國人，泡茶這件事對我而言無比重要，我也能向你保證，泡茶所需的水溫應該要非常接近100℃才行。而在3,000公尺高的山頂上，水的沸點低於90℃，將導致泡茶變成一場災難。

重點在於，雖然隨著壓力下降，水的沸點會降低，但冰點基

本上不會改變。當壓力變得非常低的時候（千分之六大氣壓，611帕斯卡），水的沸點會降到0℃，等同於冰點。這就稱為水的三相點，因為在這種低溫與低壓的情況下，水可以同時以固態、液態或氣態存在。壓力如果低於這個三相點，就不會有液態水了。在沸點與冰點是相同溫度的情況下，例如你在千分之二大氣壓（200帕斯卡）的環境下，加熱一大塊冰時，冰不會融化，反而會直接沸騰，使水汽化。這個過程被稱為「昇華」（sublimation），如果是在千分之二大氣壓下，沸點與冰點相同的情形會發生在-20℃。

這時候，就可以開始製造冷凍乾燥的咖啡了。咖啡中的風味，來自以複雜方式混合而成的極細膩分子，它們不太能應付高溫。這就是為什麼噴霧乾燥的速溶咖啡，味道不像新鮮沖泡的咖啡那麼濃郁。那些成分複雜的香氣已經被高溫破壞殆盡了。因此，與其用噴霧乾燥法，不如採用以下的方法。為自己沖泡一大壺非常濃的咖啡，將之倒入淺盤中，再放進工業用冷凍庫，冰至-25℃。接著，不讓這些咖啡退冰，直接先將之粉碎成小塊，再放進真空室裡。然後，將真空室中的空氣抽出，直到壓力只剩大氣壓的千分之二（200帕斯卡）。最後，讓冷凍咖啡略微回溫至-20℃。在這種溫度及這麼低的壓力下，冷凍咖啡中的水會開始昇華並汽化，再被抽走。先前融解在水裡的那些冷凍小塊咖啡風味，就直接就變成了乾燥的小塊咖啡風味，整個過程的溫度從未高於-20℃。因此，那些咖啡的風味分子都不會受到高溫的影

響，依然存留在這些冷凍乾燥的微粒之中，或至少有大部分都被留住了。因為當水從這些咖啡微粒中昇華時，有些風味分子也會昇華，不論做什麼都無法阻止這種情形發生。對此，製造商只好困住這些風味分子，使其變回液體，再將之噴在經過冷凍乾燥的即溶咖啡微粒上，就可以讓最終成果嚐起來有點像真正的咖啡。

　　將水分從食物中去除，看似如此瑣碎不重要，卻能創造出你可能會在超市貨架上找到的一些最令人驚奇的加工食品。不只如此，人類為了尋求將食物脫水的更好辦法，發明了一些極為巧妙的機器與處理方式，廣泛應用在各處。以新型的旋轉式滾筒乾燥機為例，該機器於真空室內運作，也受到製藥產業所採用。

　　我最近也見識過另一種噴霧乾燥機，可以產生顆粒大小一致的極細粉末，可用於為鑑識分析製作土壤樣本。蘇格蘭法醫土壤實驗室的開發人員，可以查明靴子上的泥巴來自何處，並精確定位至約100公尺的範圍內——前提是土壤要來自蘇格蘭。

　　至於冷凍乾燥這種處理法，不只用在咖啡以及草莓和覆盆子等軟質水果，也可以用來冷凍乾燥疫苗、易變質藥品、血漿與酵素，後者通常必須以冷藏方式保存，但只要經過冷凍乾燥，就能以粉末的形式貯存在室溫中（不過，請見第196頁，有一種最新的冷藏方法可以不用電源，就能冷藏保存液體疫苗）。冷凍乾燥處理法甚至可以用來修復受潮的舊書與考古物。

使油水混合的乳化技藝

油水不相容。起碼從古流傳至今的至理名言是這麼說的。如果把大量植物油倒入一杯醋（主要成分是水）裡，油會往上彈至液體的表面，浮到最上層，而不會跟醋混合在一起。想要混合兩者，可以攪拌一下，但只要你一停手，油滴就會浮到最上層，一切再次回到原點。

然而，這兩者卻是美乃滋的主要成分。那麼，美乃滋中的油與醋究竟是怎麼結合，維持穩定的狀態？要製作這個不可能的混合物，祕訣就在於額外添加的蛋黃裡有一種非常特別的物質：卵磷脂（lecithin）。

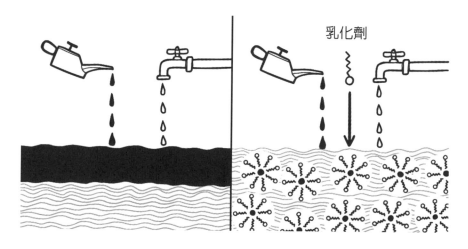

乳化劑

傳統上，在製作美乃滋時，需要把蛋黃（及其所含的卵磷脂）與醋混合，再一邊緩慢地倒入油，一邊瘋狂攪拌。油會逐漸混入液體中，形成穩定的微小油滴。當油被攪打成愈來愈小的微滴時，混合液會逐漸變濃稠。最後，在混合物中加入的油量，會是液體的四倍之多。水分子會薄薄一層地散布在每顆油滴的周圍，讓油滴無法四處移動，美乃滋因而變成質地滑順的醬。蛋黃的卵磷脂蛋白質是如何做到這一點？想了解的話，就必須先對油水為什麼無法混合有點概念才行。

　　油水不能混合的原因，是一種基本的化學互斥力。水是所謂的極性分子（polar molecule）：分子內的部分極點（pole）或區域帶有電荷。水的化學結構表面看似簡單：兩個氫原子黏在一個氧原子上。但如此簡單的說法不足以描述水分子。水分子中的氧原子略帶負電荷，兩個氫原子帶有一點正電荷。由於相反的電荷會相吸，液體中的所有水分子會因為稍微受到彼此的吸引，而忙著四處亂晃。如果在水中加入另一種極性分子，比如酒精（嚴格來說，我講的是乙醇〔ethanol〕），後者很容易介入所有極性水分子之間，這兩種物質就會混合在一起。這個例子中的酒精是親水（hydrophilic）物質，親水的英文是「水（hydro）愛（philus）」的意思。

　　另一方面，油屬於非極性分子。這些分子沒有帶電的極點，或者該說分子內沒有帶電荷。油分子的結構比水複雜得多，根據種類不同，結構也可能有所不同。不過，所有油分子共同的基

本結構是，三條長碳鏈在最上端的部位連接在一起。但由於這三條長碳鏈可能各自不相同，各種組合也會產生不同的特性，因此植物油的性質取決於這三條長碳鏈，但所有這些碳鏈都屬於非極性，分子內的各處都不帶有電荷。這對油分子不會有什麼影響，但當它遇上極性分子時，比如水，兩者便無法好好相處。水分子不會讓油加入自己的極性分子派對。極性分子與非極性分子之間沒有吸引力，因此會分離成兩個部分。油是厭水或疏水（hydrophobic）的物質。

　　油與水不會互相混合，除非在兩者之間引入被稱為「兩親分子」的物質。事實上，分子的結構可以很龐大，而且有可能分子的其中一部分親水（愛水且帶有電荷），另一部分疏水（厭水且不帶電荷）。這些分子被稱為兩親分子（amphiphile，源自希臘文的amphis，意思是兩者皆有），因為它們樂於同時與水和油混合。不過，當你把油混入含有一些兩親分子的水中時，才會發生奇妙的現象。兩親分子如果出現在同時包含了水與油的混合液中，自然就會成為連接兩者的媒介。兩親分子的疏水端會座落於油層，親水的極性端則會位於水層。兩親分子沿著整個油水交界處，形成一層單分子厚度的隔層。

　　到目前為止一切順利，但現在要來徹底攪拌這個油水的非混合液了。這麼做的話，會產生大量浮在水中的小油滴，每顆油滴都被大量的水包圍著。這些被水包圍的油滴不會彼此結合成為一個整體，而是繼續維持油滴的狀態。因為覆在每顆油滴外的那層

兩親分子會緊抓著周圍的水不放,不讓相鄰的油滴結合在一起。如果你再繼續攪打這樣的油水混合液,油滴會變得愈來愈小。混合液的顏色會改變,呈現乳白色,因為所有小油滴會開始干擾任何穿透混合液的光。最終,混合液會充滿大量的極小油滴,每顆只有幾千分之一公釐寬,混合液中的水則被打散成薄薄一層,稀薄到油滴無法到處移動並經過彼此身旁。這時,混合液開始變濃稠,不再具有液體的特性,儘管這確實是由兩種液體混合而成的產物。這就是如何把美乃滋中的醋與油混合在一起的方法。一丁點的兩親分子就足以達成不可能的任務:把油混合到水裡。結果所得到的混合液,被稱為「乳化液」(emulsion)。

當你開始在食品中尋找乳化液時,就會發現它們隨處可見。舉例來說,鮮奶油(cream)就是脂肪懸浮在液體中的典型乳化液。以鮮奶油來說,擔任兩親分子乳化劑的是一種牛奶蛋白質:酪蛋白(casein)。酪蛋白就跟所有蛋白質一樣,也是長鏈分子。然而,它與許多蛋白質不同的是,不只是由親水的極性部分所構成,還具有疏水端,也就是厭水的部分,因此是很棒的乳化劑。奶油(butter)也是以酪蛋白為乳化劑的一種乳化液,但在奶油的例子中,是一種顛倒的乳化或是逆乳化。奶油中的微滴含有水,這些水滴被脂肪包圍起來。

在食品製造商的軍械庫中,乳化液與乳化劑的科學原理是一項重要無比的武器。你會在許多自己最愛的食物上,看到成分

表列出了乳化劑，不光是美乃滋而已。在食品中讓脂肪與水結合成為乳化液，可以做到幾件很厲害的事。首先，就算不添加增稠劑（詳見第63頁）以及比原先還要多的脂肪，也能改變產品的質地。這麼做可以改變所謂的口感，把某個水分偏多的東西變成具有滑順濃醇的質地。事實上，如此一來，即便你減少使用的油量，還是可以讓某種食物嚐起來更油滑濃郁，因此乳化成了製造低脂食品的理想方法。如果是脂肪含量更高的食物，像是蛋糕和餅乾，添加乳化劑則有助於不讓油從產品中分離，尤其是如果要將食品保存在室溫的店內貨架上。把乳化劑上述兩種效果同時發揮出來的最佳例子，大概就是加工起司了。

雖然我知道不是人人都喜愛加工起司，但這種食品確實解決了食品工業的一個問題。想像一下你要為自己做起司漢堡。你在漢堡排上放一片硬質起司，例如切達（cheddar）起司，再放上圓麵包，也許加一些佐料、萵苣、一點芥末，然後開動。真美味！但想像一下，你在外帶餐館裡製作上百個或上千個漢堡。這些漢堡不會馬上被吃掉。起司會留在熱漢堡裡好一陣子，也許是十分鐘之後才會被吃下肚。只要你加熱一片硬質起司一分鐘，起司中的脂肪就會開始流出，在表面形成一灘油脂。如果你使用的是一般的切達起司，你的漢堡將會以倒人胃口的方式滴著油，也就不會有常客來報到了。問題在於，雖然起司是乳化物，卻不是非常穩定，只要稍微被加熱，它就會開始分解。它的油滴會融在一起，乳化失去作用，油脂因此滲出，這時候就輪到加工起司登場

救援了。

　　一片加工起司含有大約六成或以上的一般起司。原料中所採用的起司，其強度將決定加工起司的最終強度與風味。你想要濃醇的加工起司嗎？那就先磨碎熟成切達起司，再加一些水和一點乳清（whey）粉。加水是要讓原料起司中的脂肪更容易乳化，乳清粉則是要增量，並且讓最終得到的加工起司具有濃郁的口感。乳清粉中混合了乳糖和蛋白質（但不是酪蛋白），是使用最初製作傳統起司時被捨棄的液體部分乾燥製成。其他唯一重要的原料，就是被統稱爲「乳化鹽」（emulsifying salt）的成分了。讓人有點困惑的是，乳化鹽本身並不是乳化劑，而是由各種不同形式的磷酸鹽（phosphate）所組成。磷酸鹽之所以重要，是因爲它們是高極性分子，具有大量負電荷，非常渴望與帶正電荷的物質相結合。因此能幫助起司乳化。

　　任何乳製品中所含的乳化劑都是酪蛋白，但在起司中，特別是熟成起，酪蛋白會被分解成碎片。接著，這些碎片會與牛奶本來就有的鈣結合，當這種情況發生時，酪蛋白就不再是非常好的乳化劑了。因爲鈣會堵住所有酪蛋白愛水的極性端，使得酪蛋白難以充分發揮兩親分子的作用。這時，如果你加入充滿了磷酸鹽的乳化鹽，磷酸鹽就會把所有的鈣從酪蛋白上拉開，並困在別處，使其無法再妨礙乳化液的形成。如此一來，酪蛋白就可以毫無阻礙地做好自己的工作了。

　　加工起司的製作方法相當簡單。把包括乳化鹽在內的所有原

料，全都丟到已加熱的大盆裡，開始用力攪拌。隨著起司融化，乳化鹽就會發揮作用，酪蛋白便能開始讓水和脂肪好好乳化。我試著自行製作加工起司時，料理過程讓人感覺有點不可思議。本來什麼事都沒發生，直到我加熱到大約70℃的適當溫度。這時，僅在數秒之間，整個混合液從一大團流質物體，變成滑順的加工起司。接著，我把加工起司放在兩個烤盤之間壓平，製成最適合切成方形的一大塊薄片。食品業也使用同樣的方法，只不過是採用工業規模來製作放在全球各地漢堡上的起司片。只要調整好起司的精確用量、原料起司的熟成度、添加的水量、乳化鹽的混合種類，就能在對的熔點產生加工起司，如此製作出來的起司在融化時不容易液化，也絕對不會滲出油脂。

對食品製造商來說，製造乳化液的食品加工程序是一種極有助益的方法。不論是減肥食物、特定熔點，還是單純不要讓油脂流得到處都是，乳化劑都能讓食品技術學家創造出專為大眾需求量身打造的驚人產品。以下這一點可能具有爭議，但我懷疑像加工起司這類食品之所以讓人印象不佳，不是因為嚐起來的味道或使用的原料，單純只是因為它們展現出來的特性不如大眾所預期的。如果你要煮一道使用傳統起司的料理，但以加工起司來取代，是做不出來的。特製的加工起司在烹調時會展現自身特性，它是專為單一目的而量身打造的：放在漢堡上的理想食品。

製造甜味

　　人類已經受到幾千年來演化的制約，覺得某些食物令人食指大動。這就是為什麼大家喜歡吃滿滿都是碳水化合物的甜膩食物。人的身體與大腦天生就認為這些食物吃起來很美味。原因很簡單：這些食物全都富含熱量，而從演化的觀點來看，找到高熱量食物對自己有利。如果有機體是生活在缺乏食物或只是不充足的環境裡，找到甜食或油膩食物就是一種優勢。這些食物含有大量熱量，有機體便能成長茁壯。由此可見，我們喜歡這類食物是源自過去那段影響深遠的演化過程。

　　但這種偏好帶來了難題。現在，大家發現自己身邊——至少在已開發國家——充斥著大量高熱量的廉價食品。只要放縱自己，想吃多少就能吃多少，用甜膩食物來滿足渴望。只不過，這麼做當然會變胖。其中的數學計算非常簡單：在一天當中，吃下的熱量超過當天消耗的能量時，多出來的熱量就會變成脂肪。問題出在人本身很複雜，不只是因為身體需要才會吃，吃夠了也未必會停下來。推動整個代糖產業的，就是這個簡單卻有點牽強的科學。人人都想要好好享受甜食，卻不想得到糖帶來的熱量。

　　第一個被製造與販售的代糖是糖精（saccharin）。它是康

士坦丁‧法爾伯格（Constantin Fahlberg）和伊拉‧雷姆森（Ira Remsen）的意外發現。這兩人當時是任職於美國巴爾的摩－約翰霍普金斯大學（Johns Hopkins University）的化學家。

法爾伯格是糖方面的專家，他研究的主題就是會讓人發胖的糖，H‧W‧裴洛（H. W. Perot）進口公司雇用他擔任專家證人，出席一場涉及進口糖受污染的官司。法爾伯格的任務是要檢測那些出問題的糖，成分是否不純。為此，他需要工作空間，也被安排可以使用伊拉‧雷姆森實驗室裡的設備，雷姆森專精於類似的有機化學領域。

法爾伯格完成分析後，在等待出庭作證的期間，得以在該實驗室繼續進行自己的研究。在1878年的某天晚上，法爾伯格回家與太太共享晚餐，餐點中有麵包卷。法爾伯格在吃麵包卷時，發現它格外地甜，然而，他太太卻吃不出這股甜味。他很快就發現那股甘甜來自於自己的手指，肯定是在實驗室的時候，有什麼東西濺到他手上了。據說，他奔回實驗室，嚐遍工作檯上的所有玻璃器皿，直到找出元凶：在一個煮過頭的燒杯中，有三種化學物質意外發生了反應，產生了苯甲醯磺醯亞胺（benzoic sulfimide），也就是糖精。

他與雷姆森共同發表了關於這種新人造糖的論文。就我們所知，法爾伯格拿走了製造糖精的專利，在德國設廠，並將其商業化，而這一切全都是在沒告知雷姆森的情況下進行，當然也沒有把任何功勞歸於他。兩人就此交惡。不過，我覺得這個故事最令

人不安的地方，是法爾伯格從實驗室下班後，以及在飯前都沒有洗手，甚至之後還舔遍所有實驗用的玻璃器皿，就為了找到甜味的來源。

糖精從被發現到商業化生產，都只是名不見經傳的食品添加劑，直到第一次世界大戰，糖的短缺導致糖精產量大增。那時候，添加糖精的目的並非它低能量的特性，只是要代替糖。但是到了1958年，情況就改變了，有兩種產品在美國上市，目的是要迎合日益增長的低能量或低熱量食品趨勢。第一個品牌叫Sweet'N Low，現在全球各地還是可以在糖罐中找到該品牌的粉紅色小包裝，不過有些國家的糖類產品已不再含有糖精。這種添加物可以讓飲品變甜，人們就不必再在茶類或咖啡裡加入能量或熱量，在某種程度上，這個概念小小顛覆了大眾如何看待食物。同一年，皇冠可樂公司（Royal Crown Cola）在飲料市場推出一款新的清涼飲料。正如其名，健怡健特（Diet Rite）是主打減重或維持體態的可樂飲品。

於是，食用人工甜味劑的時代就此展開。你可能會問，為什麼我們需要那麼多種甜味劑？事實上，多數人工甜味劑雖然嚐起來有甜味，卻沒有糖的味道。舉例來說，糖精分子與舌頭上的甜味受體結合後就一分為二，因此會留下一股令人不適的苦澀餘味。分離後的其中一種味道不佳。為了避免出現這種情形，食品中通常會混入另一種甜味劑，名叫賽克拉美（cyclamate）。賽克

拉美也沒有格外強烈的甜味，但可以蓋過糖精的苦味。順帶一提，賽克拉美是在1937年，由麥可‧斯維達（Michael Sveda）所發現的。當時，他撿起了被實驗室工作檯上濺出的化學物質所沾染的香菸，又繼續抽，才發現這種物質。我們再次看到，他的發現多虧了機緣湊巧與散漫的衛生習慣。

甜味劑並非毫無爭議，食用甜味劑的安全性也引起了大眾的擔憂。阿斯巴甜（aspartame）被運用在大量的碳酸飲料中，包括了健怡可樂（Diet Coke）和健怡百事可樂（Diet Pepsi）。這種甜味劑最初是在1965年，由化學家詹姆斯‧史拉特（James Schlatter）在舔手指的時候所發現的（某種模式開始浮現了），之後它被認為與許多潛在健康問題有關，包括：痙攣、偏頭痛、恐慌發作、體重增加、體重減少、注意力不足過動症（attention deficit hyperactivity disorder, ADHD）、甲醇中毒、胃口大增、母乳發生變化，以及致癌物。不過，臨床研究的科學文獻與審查結果都未顯示，食用阿斯巴甜與潛在健康問題之間，有任何顯著的因果關係。確實有一、兩份研究顯示它在臨床上會帶來影響，但結果顯示沒有影響的研究數量遠遠超出許多。

許多人工甜味劑都一再出現這種情形：實驗室試驗往往顯示老鼠身上出現毒物反應，特定人類族群卻沒有。在此應該要提一下，歷史上有一種著名的甜味劑後來的確被證實具有高毒性：醋酸鉛（lead acetate）或鉛糖（sugar of lead）在中世紀時期被羅馬

人廣泛使用。這種甜味劑易於製造，通常用來把葡萄酒變甜，卻也會引發鉛中毒，這種中毒身亡的過程相當痛苦。除了醋酸鉛外，其他甜味劑似乎都差不多：具有甜味，但攝取時並不會產生熱量。

目前，人工甜味劑在科學界引起的最大爭論，大概就是吃下這些甜味劑會如何影響飲食習慣。這個原理簡單易懂。使用阿斯巴甜或源自甜菊（*Stevia rebaudiana*）植物品種的新興甜味劑，就會吃下比較少量的糖，攝取的熱量也比較少。一般來說，如果在一段很長的時間內，人體吃下的熱量比起每天的消耗量少，體重就會減輕。然而，許多研究一直以來都顯示出相反的結果。事實上，我在撰寫本書時，探討相關議題的研究有90篇，其中28篇（略少於三分之一）顯示體重會增加。研究人員請受試者喝下含糖飲料或是加了零熱量甜味劑的水，再讓他們盡情吃到飽。有些喝了人工糖味飲料的受試者吃得更多，變得更胖。這確實很奇怪，完全不是一般人預期的結果。而且，上述這些研究的問題在於，所謂的受試者全都是老鼠，而不是人類。

要以人為對象來進行研究困難多了。這是所有營養學相關研究都會碰上的基本問題。每個人不只遺傳基因極為不同，也都過著差異甚大的生活。考量到各種因素，要細分出吃下某種食物會對整體健康有什麼影響，極其困難。之所以拿老鼠做研究，是因為這麼做可以讓上述的差異消失，以嚴格的控制條件進行嚴謹的科學研究。研究人員可以採用基因完全相同的老鼠，確切指定每

一隻要吃的食物。

有些研究稱為分群研究（cohort study），進行的方式是讓一群人喝下含糖飲料，這些飲料不是含有糖，就是某種人工甜味劑。接著，研究人員再監控這些人的飲食習慣有無變化。有些喝下人工甜味劑的人會吃得更多，長期或短期的都有，但是在為數差不多的人身上，則顯示出相反的影響或沒有影響。研究結果相當混亂，綜合起來就是無解。

不過，可以確定的是，吃太多糖絕對與體重增加有關，體重增加則是心血管疾病、糖尿病、癌症的成因之一。減少糖的攝取量對你有好處。食用人工甜味劑也許能讓人達到這個目標，但就跟任何事情一樣，適度才是明智之舉。

那些發現人工甜味劑的化學家先驅提供了一種方法，可以減少我們攝取的食物熱量。無可否認的是，他們之所以能做到這一點，多半是因為沒能做到在實驗室裡勤洗手和禁菸，然而，我們可以選擇用更衛生的方式來查看和品嚐他們的成果。結果，其實你可以擁有蛋糕，而且還能吃掉它，起碼就糖這個議題來說確實如此。

3

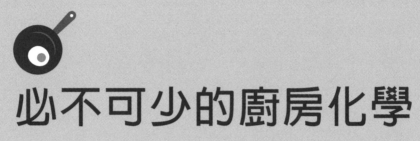

必不可少的廚房化學

Critical Kitchen Chemistry

廚房化學之王：梅納反應

　　任何在廚房工作的廚師，目標就是要打造一道道色香味俱全的料理，這一點再明顯不過了，但要達到這個境界，創造出美妙的風味，就必須深入了解產生各種令人眼花撩亂分子的化學反應。不過，在這些五花八門的化學反應中，有一種反應遠勝過其他，那就是梅納反應（Maillard reaction）；它是讓麵包、熟肉、咖啡、醬油、啤酒、巧克力、爆米花、炸洋蔥、餅乾，以及許多食物變得美味的關鍵。廚師運用這種反應做菜已經有幾千年的歷史了，但實際的運作過程卻在一個世紀之前的 1912 年，才由任職於巴黎大學的法國醫師暨化學家路易・梅納（Louis Maillard）詳加說明。

　　在深入探討梅納本人和梅納反應前，我應該先明確定義所謂的「風味」是什麼。要嚐到風味的方法有兩種。首先是大家在學校學到的甜味、酸味、鹹味、苦味。現在還加上了鮮味（umami），也就是相當近期才辨識出來的肉香味或濃醇味受體（參見第 107 頁的脂味〔oleogustus〕）。這五種味道都可以被舌頭味蕾中的特定受體偵測到。我喜歡把這五味當成是構成某種食物

嚐起來如何的大型基本組件，也正是主廚在組合料理時所運用的主調。

除此之外，還有各種風味的細微差異。但這些風味並非仰賴我們的舌頭來品嚐，而是透過鼻子與嗅覺來感受。像這樣會為料理錦上添花的風味，全都源自食物中的「揮發性化合物」（volatile compound）分子。這是指食物裡有些分子被加熱到體溫及更高的溫度後，會立刻從液體變為氣體。

當你舀起一匙溫熱的蘋果派，把它送到嘴邊時，鼻子會立刻偵測到揮發性化合物，成為你所嚐到的蘋果派獨特風味的一部分。而當你開始把派嚼碎時，那些香氣分子會往下進入喉嚨，往上飄進鼻腔。人會將食物中的乙酸己酯（hexyl acetate）當成是蘋果味，乙醯乙醇（acetoin）和雙乙醯（diacetyl）是奶油味，桂皮醛（cinnamaldehyde）則是肉桂味。而在這些風味之下的是糖和塔皮的甜味、來自蘋果抗壞血酸（ascorbic acid，又稱為維生素C）的酸味。將舌頭嚐到的味道與鼻子偵測到的香氣分子，兩者結合起來就是蘋果派了。

然而，上述的重點在於，要是沒有嗅覺，就只剩下甜味和酸味。少了可以正常運作的鼻子，人的味覺能力就會大幅減弱。這就是為什麼感冒時，什麼味道都嚐不出來。由於鼻塞，風味分子無法到達負責嗅覺的特化細胞所在處。現在，我們再回來談談梅納反應，因為這種反應會產生各式各樣美味的香氣分子。

雖然路易‧梅納確實早在1912年，就發表了針對這種基本化

學反應的首次描述，但直到41年後的1953年，來自美國伊利諾州的約翰・哈吉（John Hodge）才釐清了完整的反應機制。梅納反應會在溫度達到140℃時開始發生，此時，一個糖分子會與一個蛋白質的基本單元——胺基酸產生反應。重點在於，此反應所需的這兩種成分，都不是可以自由移動的分子。一般飲食中的糖分子，較常以成對或長鏈的形式出現。蔗糖（sucrose）或餐用砂糖，是由兩種糖構成，也就是葡萄糖與果糖（fructose）連結在一起，而義大利麵、馬鈴薯或米飯中的所有澱粉，則是葡萄糖連接成非常長的鏈形分子。同樣地，蛋白質也是由上百個胺基酸連結在一起所形成的巨大長鏈分子。只要任何糖分子長鏈的一端碰上胺基酸長鏈的一頭，與之反應，就能啟動梅納反應。糖與胺基酸相遇的結果，就會產生一種自行重排的新化學物質：安瑪多立化合物（Amadori compound）。一切就是從這裡開始變得複雜。

接下來會發生什麼事，取決於最初發生反應的胺基酸與糖具有什麼確切特性。可參與梅納反應的糖當中，極為常見的至少有6種，胺基酸則有超過20種不同類型。除此之外，梅納反應是否能發生，也取決於周圍的酸度與確切的溫度。此反應的所有常見產物，都是具有五、六個原子的環形分子，絕大多數由碳原子構成，可能帶有氧、氮或硫原子。這些分子各有奇特的名稱，像是：吡嗪（pyrazine）、呋喃酮（furanone）、噁唑（oxazole）、噻吩（thiophene），全都會產生很有意思的香氣。與梅納反應有關的各種分子，會帶來堅果味、肉香味、燒烤味或焦糖味。這種反

應也會產生讓人覺得食物已經煮熟的褐色。

對於許多料理來說，梅納反應極為關鍵。舉一塊牛排為例，如果是用低溫來煮，例如用真空低溫烹調鍋（詳見第36頁），牛肉會變得軟嫩多汁，嚐起來帶點肉香與牛肉味，但就只是如此而已。另一方面，把同一塊牛肉放到熱鍋裡，用高於關鍵的梅納反應溫度來煮，煎出來的外層褐色脆皮會賦予牛排大量的各種風味分子，讓味道大大提升。你可能會很好奇，由蛋白質所構成的肉，怎麼能夠進行梅納反應呢？糖是從哪裡來的？其實，任何動物體內的能量，都是以血中葡萄糖的形式來運送，這些能量也會以長鏈分子的形式儲存在肌肉中，它被稱為肝醣（glycogen）。一塊牛排中充滿了葡萄糖和肝醣形式的糖，分量相當足夠。

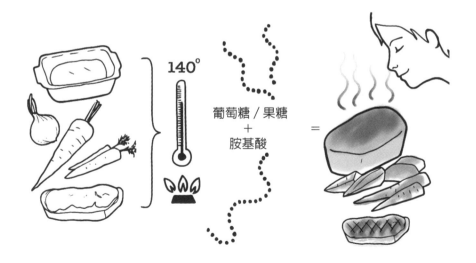

另外，梅納反應也不只會賦予肉品風味，在烘焙以麵粉製成的產品時也會產生梅納反應。麵包或貝果表面的褐變，就是梅納反應的結果，濃郁的堅果味也是。用烤箱烤蔬菜或炸蔬菜，也會達到啓動梅納反應的關鍵溫度，產生該反應特有的風味。因此，炸洋蔥或烤防風草時，那股帶有甜、堅果香和焦糖香的風味，全都是因爲梅納反應。

　　關於梅納反應，必須記住的其中一個關鍵，就是這個反應只有在溫度高於100℃時才會發生。溫度達到120℃時，會產生一點梅納反應，但不到140℃之前，這種反應都不會眞正啓動。這表示，無論食物是用蒸的還是水煮的，都不會產生如此豐富的香氣滋味。舉例來說，如果你要燉菜，卻只是把洋蔥、肉類等所有食材全都扔進裝水的鍋子裡，結果可能有點平淡無味。這就是爲什麼主廚都要先用較高的溫度，在平底鍋把肉和洋蔥煎成褐色。光是用水煮，無法產生梅納反應所帶來的香氣，因爲水煮的溫度受限於100℃。想得到梅納反應的絕妙滋味，就需要使用更高的溫度，而這種溫度通常會讓人想到烹煮脂肪。

脂肪代表風味嗎？

這是我聽到電視上許多主廚會宣稱的一句話：「脂肪代表風味。」他們喊出這句話時，通常正在把一大塊奶油丟進煎鍋裡。他們聲稱，加奶油是因為這會賦予整道菜美妙至極的香氣與風味。你會覺得，他們這麼說，是為了要減輕在一道料理中加了那麼多脂肪的罪惡感。他們心知肚明，一個人吃下那麼多脂肪不太好，但只要一心想著風味就行了。

你在自家書架上的烹飪書中，也會看到這種觀念：「食物要有風味，必須有脂肪。」尤其是在討論最美味的肉應該具備何種特色時，這種概念似乎就會出現。我甚至看過相關的探討內容提到，最優質的肉必須要有脂肪，瘦肉完全不值得考量。這還不只是某種道聽塗說的概念而已。美國農業部負責評等不同農場生產的牛肉品質，其中一個被視為理想肉品應有的關鍵，稱為油花（marbling），指的是牛肉的瘦肉部分布滿著脂肪組成的細窄紋理。但這真的會讓味道有所提升嗎？

我們先從精確定義所謂的「脂肪」開始。首先，要釐清脂肪與油脂之間的差異。兩者唯一的差異就是處於室溫21℃時的狀態。在這個溫度下，脂肪為固態，油脂則是液態。因此，奶油是

脂肪，椰子油也是，儘管俗稱都是油。不過，由葵花籽製成的產品絕對是油脂。

　　脂肪的化學組成相當簡單：一般脂肪都有三條各約十八個碳原子的長鏈，全都在脂肪分子的一端連接在一起。這些長鏈名為脂肪酸（fatty acid），種類各有不同，正是這些脂肪酸的差異，讓不同的脂肪擁有不同的特性，像是會在多高的溫度下熔化。脂肪酸也是區分飽和脂肪與不飽和脂肪的部分。脂肪中，連接脂肪酸的部分是一種名叫「甘油」（glycerol）的化學物質，它在以前稱為 glycerine。你可以在超市裡買到小瓶的甘油，把它添加到蛋糕糖霜裡，可以防止糖霜硬化。

　　談到脂肪時，當然還有更多細微差異之處，其中值得一提的就是我們身上細胞膜的脂肪。構成人體或任何活體的所有細胞，都環繞著一層薄如蟬翼的可變形障壁：細胞膜（cell membrane）。這個膜由兩層名為「磷脂」（phospholipid）的脂肪分子構成。這些脂肪分子與一般脂肪分子略有不同，因為磷脂只有兩條碳長鏈，取代第三條長鏈的是帶有大量正電荷的磷酸根。這會讓磷脂變成兩親分子（詳見第88頁），排列成具兩層結構的細胞膜，碳鏈端在細胞膜內部對接，磷酸根則朝外組成細胞膜的內外兩面。稍後我們再回來談磷脂。

　　在了解一些基本的脂肪生物化學之後，是否就可以回答「脂肪能不能代表風味」的這個問題呢？其中一個答案由美國普渡大學（Purdue University）的科學家在 2015 年提供。柯蒂莉亞・倫寧

（Cordelia Running）和理查德・麥特斯（Richard Mattes）指出，人的舌頭似乎有專為脂肪酸打造的特定味覺受體。研究受試者只靠舌頭來品嚐味道，就可以分辨只含有脂肪酸的溶液，以及其他含有糖或鹽的溶液。這個新的味覺被取名為「脂味」。

那麼，如果脂肪酸或脂味是舌頭的一種基本味覺，嚐起來會是什麼味道呢？這還真是棘手，要怎樣才能形容一種味道呢？要怎樣在沒有實際提到鹽的情況下，說明鹽嚐起來的味道如何？脂味顯然嚐起來就是脂肪，但也不是一股好味道，研究受試者表示，高濃度脂肪酸的味道糟透了。目前的基礎理論是，人的舌頭可以偵測到脂肪酸，是某種早期預警系統，目的是要提醒我們，有些食物可能已經變質。

因此，雖然脂肪具有一種獨特的味道，但是當主廚表示脂肪是一種風味時，指的不是用舌頭偵測脂肪的味覺。如果脂肪嚐起來很糟，它有沒有可能是在風味的其他層面有所貢獻，也就是飄進鼻腔的香氣分子（詳見第101頁）？這個問題的答案是「有可能」，但不是你想到的那種方式。

科學家針對脂肪如何提升風味，已經進行了不少研究，而我最愛的一項研究奠定了後續多數科學研究的基礎，它是在1983年由位於布里斯托（Bristol）現已廢止的肉品研究中心（Meat Reserach Institute）所進行的研究。食品科學家唐・莫特拉姆（Don Mottram）檢測了具有脂肪與不具脂肪的熟牛肉氣味。先以化學方式抽取肉品樣本的脂肪，再將之煮熟，牛肉的香氣則以氣

相層析（gas chromatography）的方法來分析。這種分析方式雖然無法表示人類的鼻子如何聞到那股氣味，但可以辨識氣味如何改變。當所有可見脂肪都從牛肉中移除後，牛肉煮熟後所產生的香氣分析結果並未改變。這表示，脂肪並沒有增添什麼氣味。然而，如果拿掉磷脂，也就是構成細胞膜的特殊脂肪分子，氣味就改變了。因此，在這個完全人工的實驗情境下，肉品中可見的普通脂肪，對味道不會造成任何影響。唯一會影響風味的脂肪，是來自隱身的磷脂，而一整塊肉都有它的蹤影，就連瘦肉也有。

如果情況真是如此，那麼脂肪對人類的食感帶來了什麼影響呢？脂肪本身不具有什麼風味，但是諸如梅納反應（詳見第100頁）所產生的風味分子，會融解於脂肪。在你將先前咀嚼的那口食物吞下去之後，由於脂肪會殘留在口中，還是有機會被偵測到。這種現象在煙燻食物方面尤其明顯，例如培根。煙燻風味分子會融解於脂肪，緊黏在口腔裡，留下持久的煙燻香氣。不過，脂肪主要的貢獻是所謂的口感。脂肪會讓食物嚼起來有滑順或濃醇的質地，促使咀嚼動作順利進行。沒有脂肪的食物，咀嚼起來得更用力，比如一片煮熟的雞胸肉，嚼起來可能又乾又硬，而本身含有較多脂肪的肉，像是雞腿，就不會出現同樣的口感。

雖然脂肪本身並未富含風味，卻能讓人品嚐到更多風味，也絕對能改善食物的口感。話雖如此，你不需要大量脂肪，就能達成以上所有目標。因此，如果電視節目上的主廚在料理中丟入一大塊奶油，你也不必照著做。

廚房化學天后：焦糖化

如果梅納反應是風味之王，那麼風味天后一定是焦糖化（caramelization）。把一些普通的糖丟進平底鍋裡加熱，糖很快就會開始熔化、冒泡、變色，起初會變成焦褐色，鍋中隨之飄出香氣撲鼻的焦糖味。焦糖化的過程只需要糖，就能將糖從熟悉的普通甜味，變成各種令人垂涎三尺的誘人香氣。焦糖化也是另一種讓食物變成褐色的關鍵方法，一般人看到這種顏色的變化，就會認為風味有所提升。就像梅納反應（詳見第100頁），焦糖化也是很複雜的作用，但用到的原料只有一種。

一般的白砂糖是由純蔗糖晶體所構成，這些蔗糖則提煉自甘蔗或甜菜。每個蔗糖分子本身都是由兩個糖分子黏在一起，也就是一個葡萄糖和一個果糖（詳見第102頁）。製作焦糖的第一步，就是把蔗糖的雙糖分解成單糖分子。蔗糖的結構太過穩定，無法直接焦糖化，但當它分解成單一的葡萄糖分子和果糖分子之後，活性則大多了。當鍋子的溫度達到170℃時，糖晶體就會自動產生上述的分解過程，而且這個反應也需要加一點水才行。這就是為什麼許多焦糖食譜都標示要加入少量的水，好讓第一階段得以發生。順帶一提，這個步驟產生的結果，就是所謂的「轉化

糖」（invert sugar），也是糖果廠經常採用的一種混合物。到目前為止一切順利，但以上恐怕是焦糖化這個化學作用中唯一簡單的部分了。

這時，葡萄糖和果糖可能會出現幾種不同的反應。最明顯的就是兩者會開始瓦解。熱能會促使各個單糖分子分解，形成較小的碎片。就像梅納反應，這種情況下可能出現的產物種類繁多，衍生的風味也一樣豐富。最後所產生的香氣分子，可能聞起來具有果香、花香、奶油香或乳香，有的則散發出特有的燒烤味。如果讓此反應繼續進行，這些細緻的風味分子本身也會分解，產生帶有酸味或苦味的化合物。隨著焦糖化的反應持續進行，酸味與苦味的產物就會開始累積。糖分解後，其所產生的焦糖會愈來愈具有風味，卻也愈來愈不甜。如果放任焦糖化進行過久，將用盡所有的糖，結果就會變成充滿苦味也不太甜的產物。

至於最終會得到什麼樣的香氣，完全取決於幾項因素。最關鍵的一個就是糖的確切比例。理論上，如果原料用的是純蔗糖，最後就會得到果糖與葡萄糖各半的混合物。但如果你煮的是水果，比方說一些蘋果片，那麼果糖就會多出許多，而果糖會在較低的溫度開始分解。果糖的焦糖化發生在110℃，葡萄糖則是到160℃才會開始反應。如此一來，果糖的焦糖化更容易煮過頭，一不小心就會煮出這個反應過程會有的苦味產物。其他化學物質的存在也會改變此反應所產生的香氣。反應過程的速度，會在酸中和水中加快。除此之外，如果原料含有任何蛋白質，梅納反應

會在140℃開始進行，產生其特有的各種風味。

　　不過，上述這一切都沒有解釋與焦糖化有關的顏色變化。所有由糖分解而成的產物，皆為無色也容易揮發。要得到焦糖特有的顏色，就得先讓果糖和葡萄糖互相黏結才行。乍看之下這很古怪，但是這兩種單糖此時黏結在一起的方式，與蔗糖的結構不同。這兩種單糖不是只有一處連接在一起，而是形成兩個鍵結與一個環形結構。而且，連接的方式不必像蔗糖一樣，乖乖地讓一個果糖接上一個葡萄糖。任意兩種糖都可以連接在一起，葡萄糖可以連接到葡萄糖或果糖。

　　這個獨特的新分子可以與本身發生反應，產生三種更大的不同分子，分別具有不同的名稱：焦糖酐（caramelan）、焦糖烯（caramelen）、焦糖素（caramelin）。接著，它們會自行與其他同種的分子重組，產生純褐色的小小點狀物質。正是這些物質賦予了焦糖顏色。焦糖酐微粒是千分之一公釐的一半左右，焦糖烯約為其兩倍大，褐色較深的焦糖素則是巨大的千分之五公釐。這些緊密相連的細小糖微粒，賦予了焦糖的獨特顏色，加熱愈久，就會累積愈多這些微粒，使顏色愈深。

　　綜上所述，這一整套化學反應將讓普通的白糖形成各種複雜深奧的香氣與味道。但是，並非只有白糖會焦糖化，任何一種糖都會產生相同的反應。水果因為含有大量的果糖，很快就會焦糖化。同樣的情況也會發生在含糖量不低的蔬菜，比如洋蔥。如果你使用高達170℃的溫度來烤餅乾，餅乾本身就會因為焦糖化的

糖產物而變成褐色。若是你把溫度調低，過程中雖然會產生梅納反應，褐變的情形卻大幅減少，也不會出現焦糖化。

　　如果研究任何煮熟食物的風味從何而來，有些確實是食物本身就具有的味道，但幾乎所有煮熟的食物，絕大多數的香氣都可以追溯至這兩大烹飪基礎：焦糖化與梅納反應。

┃巧克力的複雜結晶

　　要一嚐美味，還有其他與梅納反應和焦糖化無關，更具體的食物來源。根據最新的遺傳分析顯示，熱帶可可樹（*Theobroma cacao*）的原產地在祕魯的伊基多斯市（Iquitos）附近，這座城市位於亞馬遜河岸邊。不過，這種植物如今在全球各地的熱帶地區都有栽種。可可樹是一種高經濟作物，現在的主要生產地在西非，象牙海岸和迦納為主要生產國。

　　可可樹會結出長達30公分的橘色果實，而且直接從樹幹上長出來。這些豆莢成熟後就會被採收，豆莢內含有大顆種子的白色果肉則會經過數天的發酵。可可豆悶在果肉本身的汁液中，在經過適當發酵後，被挑出來進行乾燥。新鮮可可豆約2公分長，豆體呈現一種特有的暗紫色。接著，進行烘焙程序，將之去殼後，剩下的可可豆仁會被加熱至40℃左右，再以重型滾輪研磨數個小時。最後出來的成品就是油膏狀的深褐色黏稠液體，業界都稱之為「（可可）液」。萬一你還沒搞清楚狀況，這裡就是製造巧克力的起點了。

　　要用可可液來製作一條巧克力，理論上只需要加入糖，再倒入模具中冷卻就行了。不過，如此製作出來的甜點，嚐起來相當

奇特。它具有顆粒般的質地與巧克力的風味，糖的甜味與可可的苦味在嘴裡幾乎是兩種個別的味道。這條巧克力也不會有一般巧克力的爽脆口感，而是有點油膩，還有一些嚼勁。

　　糖與可可液的混合物，必須經過「精煉」（conch）這道程序來處理，這是名叫魯道夫‧蓮（Rodolphe Lindt）的瑞士人，在1879年研發出來的作法。這道程序其實非常簡單：把糖與可可液的混合物，倒入已經加熱的研磨機中，讓機器持續運作很長一段時間。究竟要多久，取決於你想要多滑順的巧克力。如果你想得到精緻的巧克力條，大概要花上12個小時，甚至長達78個小時。重型滾輪會將糖與可可的微粒大小，研磨到約0.02公釐。當微粒變得這麼小時，巧克力的顆粒口感就會消失。正是蓮先生的這項發現，讓巧克力成為廣受歡迎的甜食。在這道精煉程序還沒出現以前，巧克力條的顆粒口感讓它無法大受歡迎，一般人多半是將之泡成熱飲。

　　於是，超細的糖粒與富有風味的超細可可粒，現在都懸浮在可可脂當中，可可脂是來自可可豆的脂肪。然而，儘管經過了精煉，巧克力條還是沒有令人滿意的脆度與光澤。要獲得這種成品，就必須探索一下可可脂的多種晶型。

　　烘焙過的可可豆，在經過研磨後，大半的產物都是名為「可可脂」（cocoa butter）的脂肪。可可脂通常是使用精細濾器，壓濾可可液後所提取出來的。這種口感柔滑的脂肪，會被運用在五花八門的美容用品，像是洗面乳和洗面皂，但大部分都被使用在

巧克力產業。舉例來說，白巧克力就是可可脂混合了糖與乾燥奶粉。順帶一提，在將可可液濾除可可脂後，剩下的就是經過重重壓製的可可餅了。這種可可餅會被研磨成可可粉，當作烘焙食材或泡成熱可可飲品。

可可脂之所以特別，有幾個原因。以提取自植物的脂肪來說，可可脂的熔點非常高，必須達到34℃才會化為液體，這一點極為重要，因為這個溫度恰好低於人類體溫的37℃。由於巧克力塊是靠可可脂維持成形，把一塊巧克力扔進嘴裡時，可可脂就會融化，所有風味便在口中四溢開來。

還有一點也讓可可脂有些與眾不同。可可脂擁有非常規律的結構，可以自行排列成整齊的晶體結構。這可能看似有點古怪，因為一般人想到晶體時，通常會想到閃閃發亮的寶石，但任何可以規律排列出立體結構的分子，就能形成晶體。可可脂的獨特之處，在於它可以形成不只一種晶體，而是六種。賦予巧克力條光澤與脆感的祕訣，就是確保其中的脂肪排列成正確的晶體。

第一型到第四型晶體對我們來說都沒用，因為它們會讓巧克力的質地變得易碎。此外，這些脂肪晶體的熔點也比較低，從17℃到28℃不等。如果巧克力條中有太多第一型到第四型的晶體，在室溫下就會開始軟化，碎裂的方式也會很像起司，而不是一般的巧克力。另一方面，第五型的晶體結構剛好。可可脂形成第五型晶體時，脂肪分子會比前四種更緊密地排列在一起。如果巧克力主要都是這種晶體，且晶體都很微小，就會具有清脆質地

與光滑亮面。最後，第六型的晶體結構也會讓巧克力光滑爽脆，但是要花很久的時間才能形成，因此不實用，也很少遇到。

　　那麼，要怎麼確保在製作巧克力條時，多數脂肪都形成第五型晶體呢？如果你把一批可可液與糖混合，以精煉機處理後直接冷卻，可可脂的脂肪會自然開始形成前五種的所有晶體結構。若要避免這一點，並且只讓第五型晶體占多數，就要進行一種調溫（tempering）程序。你可以使用多種方法來調溫，比如採用預先調溫好的巧克力或是大理石調溫板，但只要你手邊有可靠的數位探針式溫度計（詳見第36頁），就有辦法省去所有的猜測。

　　首先，將巧克力放進金屬碗，再把這個碗放進一鍋熱水裡，將巧克力的溫度加熱到50℃。在這個溫度下，所有六種可可脂的脂肪晶體都會熔化。接著，讓碗離火，一邊看著探針式溫度計，一邊開始攪拌。攪拌是要確保所有巧克力都維持一樣的溫度，同時不讓任何可可脂的脂肪晶體變大。留意的第一個關鍵，是溫度變成34℃時。這就是第五型晶體熔化的溫度。因此，只要低於這個溫度，可可脂就會開始形成第五型晶體，而不會有其他晶型。繼續攪拌，讓混合液冷卻，直到溫度降至28℃。千萬別讓巧克力低於這個溫度，否則它就會進入你不想要的脂肪晶體開始形成的溫度範圍。由於脂肪開始形成第五型的小晶體，巧克力應該會變得相當濃稠。此時，你再度加熱巧克力，將溫度提高到32℃。這個溫度剛好低於第五型晶體的34℃熔點。這麼一來，那些寶貴的晶體就不會熔化，也會繼續緩慢形成。此時的溫度只略低於上述

的熔點，因此這些經過調溫的巧克力，將會維持在這個溫度好幾個小時。

　　如果你準備讓巧克力凝固的話，就把它倒入模具中或蛋糕上，或是任何你打算要做的料理上。接著，將巧克力快速冷卻至15℃。這些巧克力開始冷卻時，脂肪會開始結晶。不過，由於調溫的程序已經確保了混合物中充滿無數的第五型晶體，這些晶體會增加，並成為最主要的晶型。最終產物具有更緊密排列的晶體結構，因此會更堅硬，也擁有令人滿意的脆度與光滑亮面。

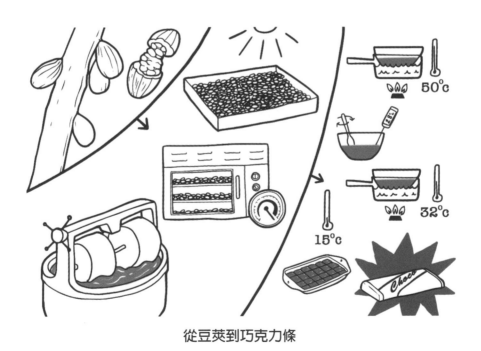

從豆莢到巧克力條

不過，潛藏在黝黑美味巧克力條背後的化學反應可不只如此。雖然脂肪的晶體說明了巧克力為何具有脆度與光澤，卻沒有解釋為什麼我們那麼愛吃。嗯，所謂的我們，大概是指我自己。人有可能成為巧克力控嗎？這股渴望可以用化學來解釋嗎？

通常被指稱要為此負責的化學物質，是英文名稱有點令人困惑的可可鹼（theobromine）。因為可可鹼並不含溴（bromine），只有碳、氮、氧、氫。可可鹼的名稱，源自可可樹的拉丁文 *Theobroma cacao*，此名稱則來自希臘文的神（theo）與食物（broma）。巧克力字面上的意思就是「神的食物」。

從藥學的角度來看，可可鹼的作用與咖啡因有點類似。可可鹼會使心跳加快，卻也會讓血管舒張，因而降低血壓。就像咖啡因，可可鹼也會利尿，還可能使人無法入睡。雖然很難想像，不過人類確實有可能因為食用過量的巧克力，導致體內出現過多可可鹼，因而感到噁心並嘔吐。不過，人類可以輕鬆應付這種狀況，因為人體非常擅長分解可可鹼，但有些動物就無法分解。舉例來說，狗很容易因可可鹼而中毒。這種成分會存留在狗的血液中數個小時，狗只要每公斤體重攝取60毫克的巧克力，就足以致命。可可鹼對貓也有危險性，但不像狗，貓出現可可鹼中毒的情形很少見，因為貓無法嚐出甜味，本來就沒什麼動機要去吃巧克力。儘管吃下一大塊富含可可鹼的黑巧克力，無疑會對人體產生影響，但這種物質不會讓人對巧克力上癮。

關於上癮這件事，還有其他兩個應該要考慮的可能嫌犯。首

先是一種蛋白質基本單元的胺基酸：色胺酸（tryptophan），人體會用它來製造另一種化學物質血清素（serotonin）。血清素由大腦分泌，會讓人感到幸福快樂。這聽起來很有可能是巧克力令人上癮的原因。不幸的是，最近的研究都顯示，雖然大腦中的色胺酸增加，確實會讓血清素也跟著增加，但是光吃這種食物，並不會發生上述的現象。色胺酸是透過一種特殊的胺基酸載體進入大腦的。然而，吃下巧克力，就等於吸收了一大堆不同的胺基酸，它們都會有效阻礙上述的胺基酸載體。最終的結果就是：巧克力不會增加大腦中的色胺酸含量。

另一個能解釋巧克力癮的嫌犯是苯乙胺（phenethylamine），這是一種許多植物都含有的天然化學物質，多半是植物本身為了抗菌而製造的。苯乙胺是一種精神藥物，藥界向來都把它當成是製造各種化合物的源頭，包括迷幻藥、抗憂鬱藥物、興奮劑、抗焦慮藥物，以及附帶製造的各種減充血劑（decongestants）。但接下來，你將再次看到，巧克力中的化學物質又因為人體的機制而受挫。只有直接把苯乙胺注射到血液中，苯乙胺及其衍生藥物才會發揮該有的效果。如果用吃的，苯乙胺很快就會在腸道內被分解，因此不論你嗑下多少巧克力，永遠都不會有高劑量的苯乙胺能抵達大腦。

那麼，我們究竟為何嗜吃巧克力？從近期的研究看來，人類確實嗜吃這種食物。不單純只是貪吃而已：巧克力的確具有與眾不同的上癮特性。然而，不管新聞怎麼報導，巧克力都沒有任何

藥物學上可見的作用，至少與我們嗜吃糖和脂肪的原因無關。近期的看法是，巧克力所帶來的享樂與精神層面影響才是主因。我們渴望糖與脂肪帶來的刺激、味道，以及那種正在好好獎勵自己的想法。對於那些必須努力抗拒巧克力的人來說，恐怕不能怪別人，真的只能怪自己了。

球芽甘藍的苦味是怎麼回事？

如果人們喜愛巧克力背後的科學原理，缺乏確鑿的化學證據，那麼對球芽甘藍的厭惡呢？在所有可能被端上桌的蔬菜當中，最能引起爭議的莫過於球芽甘藍了，尤其是對小孩來說。這種蔬菜被當作笑柄的次數多到數不清，特別是那些裝在聖誕拉炮裡的笑話紙條。顯然不是人人都討厭球芽甘藍，因為每到聖誕季期間，我家附近的超市就會堆滿這種蔬菜。那麼，導致大眾在球芽甘藍這個議題上出現分歧的原因是什麼？

球芽甘藍之謎的祕密，似乎是一種叫做「味覺受體2成員38」（taste receptor 2 member 38）的蛋白質，位於舌頭上的味蕾。這個受體專門偵測食物中的一些苦味化合物，再回報給大腦。問題是，DNA中負責為這個蛋白質編碼的基因具有幾種變異。這個基因有個很難記住的名稱：TAS2R38，其中兩種變異被簡稱為「味覺者」和「味盲者」。

人體每個細胞中的DNA都是成雙成對：一個遺傳自父親，另一個來自母親。因此，味蕾開始製造由TAS2R38編碼的蛋白質時，就會將成對的基因當成模板。就算DNA中只有一個「味覺者」基因，也會產生具有功能的「味覺受體2成員38」蛋白質。

如果從父母身上複製得來、最終出現在自己身上的TAS2R38，都屬於「味盲者」基因，其所產生的蛋白質就無法發揮作用，偵測苦味的能力也會降低。唯一會讓人成為徹底味盲者的情況，就是兩個TAS2R38基因都屬於「味盲者」變異，這種情形在一般人當中較為少見。

究竟有多少人是徹底的味盲者，完全取決於出身地，例如歐洲平均有28%，中國只有14%，澳洲原住民則有異常高的50%是味盲者。檢測是否為味盲者的方式，不是餵食球芽甘藍，而是採用更精確的化學檢測方法。只有味覺者嚐得出來的化學物質有數種：苯硫脲（phenylthiocarbamide, PTC），以及更常用於檢測的丙硫氧嘧啶（propylthiouracil, PROP）。今日，你可以買到盒裝的PROP小試紙，檢測自己是不是味覺者，學校的生物課通常也會讓學生做這項檢測，當作是簡單的族群遺傳實驗。

目前的假設是，球芽甘藍有一種令人討厭的苦味化學物質，只有一些人會因為基因而嚐得出來。遺傳到味盲者基因的人，沒有這種煩惱，因此可以好好享用球芽甘藍。這個苦味化學物質最有可能是名為「蘿蔔硫苷」（glucoraphanin）的物質，也有可能是「原甲狀腺苷」（progoitrin），或者有極低的機率是「黑芥酸鉀」（sinigrin）。也有一種可能性是三者皆是或皆否，而是某種對科學界來說完全未知的物質。就在我書寫的此刻，答案還懸而未決。

不過，可以確定的是，不管答案為何，都會是硫代葡萄糖苷

（glucosinolate）這類化學物質的一員。這類化學物質的一般結構是：含有一個葡萄糖分子，藉由一個硫原子，連接到一種蛋白質基本單元的胺基酸，而這個胺基酸又會連接到另一個硫原子。胺基酸的種類，將決定結果產生的究竟是蘿蔔硫苷、原甲狀腺苷，還是黑芥酸鉀。包括球芽甘藍在內的所有雲薹屬植物成員，葉片都會產生大量不同的硫代葡萄糖苷，且因為這些物質具有相同的分子結構，產生的反應也很類似。

在你咀嚼球芽甘藍時，將會破壞球芽甘藍的細胞，以及細胞內的所有不同隔室。當那些硫代葡萄糖苷首次與酵素混合，酵素便會開始切斷硫代葡萄糖苷的複雜化學結構。不管是哪種硫代葡萄糖苷，最終都會變成一種至關重要的化合物：異硫氰酸酯（isothiocyanate）。這種化合物具有一個硫原子，連接到一個碳、一個氮、一個多變的尾端。味覺檢測所採用的PROP與PTC化學物質，想模擬的就是這種化學物質。人體口腔中TAS2R38基因味覺者變異的產物，偵測到異硫氰酸酯時，就會產生苦味；如果有些人是TAS2R38基因的另一種變異，也就是味盲者，那就嚐不到苦味。

如果你是味覺者就不會喜歡球芽甘藍，但如果是味盲者就會喜歡嗎？也不盡然。就像任何與人類和生物學有關的一切，情況要複雜多了。植物之所以努力製造上述這些化學物質，原因很簡單，這是一種抗草食行為的防衛機制，是植物試圖要阻止動物吃

掉自己。不過,人類喜歡作對的天性,意味著我們經常尋求會傷害自己的事物,或是起碼想吃一些苦味的東西。小孩天生就討厭任何苦的食物,不是沒有理由的,因為苦味通常表示食物可能具備有毒化學物質。然而,隨著年紀增長,我們就會逐漸克服這種不喜歡,開始尋求帶有苦味的風味,舉例來說,一杯咖啡的主要味道就是苦味。

許多喜歡球芽甘藍的人,都很享受這種蔬菜的風味,即便他們都是味覺者,包括我。幾十年來,我不愛吃球芽甘藍,享用聖誕大餐時都會避開它。直到我發現自己不喜歡的是煮過頭的球芽甘藍,就這樣對球芽甘藍開竅了。結果,我真的很喜歡球芽甘藍,只不過不是煮熟的那一種。如果把球芽甘藍的外表修剪乾淨,切成四等分,蒸煮不超過五分鐘,也許再把它們丟入熔化奶油裡滾動,撒上烤過的杏仁,就會很美味。至少我這麼認為。這些球芽甘藍嚼起來會有堅果味,沒錯,也略帶一點苦味,我真的很喜歡這個味道。

那麼,為什麼我不喜歡煮太久的球芽甘藍呢?首先,它的質地會開始軟化,我從來就不怎麼喜愛軟爛的蔬菜。如果你把整顆球芽甘藍拿去煮,它的球形結構注定等到它的中心被煮得剛剛好的時候,外層必定是煮過頭了。這就是為什麼我會把球芽甘藍切成四等分。

但是,還有另一個化學因素會讓許多人對球芽甘藍嗤之以鼻。球芽甘藍葉片所含的那些硫代葡萄糖苷,都是易碎分子,當

加熱的溫度太高或被加熱太久，它們就會自行四分五裂。這種碎裂情形發生時，其中一個結果就是會產生一股讓人聯想到全熟水煮蛋的硫磺味。這種氣體叫做二氧化硫，人類的嗅覺對其極為敏感。如果這是你不喜歡的味道，我猜你也不愛吃蛋沙拉三明治和任何煮過頭的甘藍類蔬菜，包含球芽甘藍在內。

　　原來，人類逃避球芽甘藍的背後，是有些複雜的科學原理。不過，我認為，更基本的原因，也是最重要的問題之一，就是球芽甘藍如何被烹調和擺盤。我猜，人們會避開球芽甘藍，跟料理方式比較有關，反而跟科學無關。

▎咖啡因提神飲料

.

　　咖啡因是地球上最廣泛使用的精神藥物。攝取咖啡因會讓人消除睡意、提高警覺，因而改變精神狀態。咖啡因還會對人體產生一些影響，例如增進運動表現和改善動作協調。至於負面影響的話，咖啡因會造成血管收縮（血壓因此上升）、促進胃腸蠕動（讓人排便）、增加胃酸分泌（可能產生心口灼熱），大量攝取的話，則會利尿（因而脫水）。

　　根據咖啡因在心理學術語上的公認定義，這種物質雖然嚴格來說不會讓人上癮，但確實會使人產生輕度的生理依賴。由於咖啡因會帶來戒斷症狀，有些神經學家認為，這表示服用和濫用咖啡因可能會導致心理疾患。這一切讓咖啡因聽起來相當危險，只不過根據美國食品藥物管理局（Food and Drug Administration, FDA）估計，北美的成年人約有九成人口每天都會攝取某種形式的咖啡因。以全球來看，已開發國家的情況也很類似，只有少數地方因為攝取習慣不同而有所差異。多數咖啡因都來自咖啡，不過英國民眾喝下的茶飲多到數不清，許多英國人就是以這種方式攝取咖啡因。考慮到含咖啡因食品有多受歡迎，在日常生活中也無所不在，難怪很多人都極為重視這類產品。

咖啡豆來自兩種不同卻爲近緣的作物品種。一種是阿拉比卡咖啡（*Coffea arabica*），占全球產量七成，一般認爲可用它來泡出優質咖啡，還有一種是中果咖啡羅布斯塔種（*Coffea canephora var. robusta*），占了其餘的三成產量，可製成較粗糙卻能便宜生產的咖啡飲品。這兩種作物都可長到大約10公尺高，葉片呈墨綠色，帶有光澤，它們的小白花則會長出15公釐長的小簇果實，成熟時呈暗紅色。

阿拉比卡咖啡樹栽種起來困難，卻值回票價，因爲其所產的咖啡最受尊崇，具有溫和細致的豐富滋味。羅布斯塔種的咖啡樹則是較耐寒的植物，可以種植在蔽蔭處或豔陽下，長出的較大株作物含有更多咖啡因，所需的肥料較少，也比較沒有蟲害問題，但用它泡出來的咖啡，嚐起來就沒那麼濃醇了。這種咖啡被用在較廉價的即溶咖啡中，卻也會被加進濃縮咖啡裡，賦予混合液一股帶勁的味道。

咖啡果實或業界所稱的咖啡櫻桃（coffee cherry），在經過採收後，加工方式有很多種，最簡單的一種就是鋪在大塑膠布上，日曬數天。在咖啡果實經過適當乾燥後，再將之倒入機器中，仔細去除乾燥果肉，留下綠咖啡豆，每顆果實各有兩顆。這時，試吃一顆看看，嚐起來有一點像在咀嚼未爆開的爆米花粒，極爲堅硬，且毫無味道。

咖啡豆的所有風味都是來自烘焙的過程。這是一道做起來極爲簡單的程序，如果你能弄到綠咖啡豆，可以用乾煎法來試試

看。重點在於避免把咖啡豆煎過頭，但要焙煎得恰到好處，是一門很難掌握的技術。咖啡豆被加熱至100℃時，它所含有的少量水分會汽化，豆子會因而略微膨脹。咖啡豆質地變得很脆，全都充滿了水蒸氣造成的小洞。當溫度來到140℃時，我們的老友「梅納反應」就會來摻一腳（詳見第100頁）。綠咖啡豆會變成褐色，風味分子也因此產生。繼續將咖啡豆加熱到160℃，由梅納反應產生的熱能開始自給自足，迅速把溫度提高到將近200℃。這時會產生另一種氣體，也就是二氧化碳，取代水蒸氣，填滿了易碎咖啡豆中的所有小洞。

咖啡豆呈現淡褐色時，內部發生的化學反應會產生大量酸性化合物，任何以這種咖啡豆製成的咖啡，嚐起來都會很酸澀或有酸味。倘若你繼續烘焙，咖啡豆的顏色會變深，呈現中褐色，此時，酸性物質會分解，使酸味減少。同時，咖啡豆也會逐漸產生咖啡特有的風味分子，以及一點苦味。但要小心，如果你烘焙過度，咖啡豆的顏色變得更深，會產生更多苦味，咖啡的許多芬芳香氣將被掩蓋掉。

上述從酸味咖啡到過度烘焙的整個化學過程，只發生在30℃的溫度範圍內，從大約190℃到220℃。而形成風味的過程可能就發生在僅僅數秒之間，這就是為什麼在家動手做很難，最好還是交由專家，運用比煎鍋更好掌控的設備來處理。

這道處理程序的一項好處，與咖啡豆內的那些二氧化碳有關。由於這個過程會將水和氧氣從咖啡豆內去除，因此只要烘焙

好，咖啡豆就可以在室溫保存相當長一段時間而不會腐敗（數週），保存期限比研磨咖啡（數天）要來得久。正是這些被困在咖啡豆內的二氧化碳，才產生了濃縮咖啡表面特有的綿密泡沫。當高壓的水強行穿過研磨好的濃縮咖啡粉時，二氧化碳氣體會從中脫離，形成小泡泡，在來自研磨咖啡的油脂中維持穩定。

在乾重狀態下，阿拉比卡咖啡豆烘焙後的咖啡因約占總重的1%。羅布斯塔種咖啡豆則會高出許多，可能多達4%都是純咖啡因。喝一杯黑咖啡，咖啡因攝取量大約是0.1克。這些咖啡因進入人體後會帶來數種影響，完全取決於咖啡因仿效腺苷（adenosine）的能力，這種化學物質與咖啡因的結構很類似。

腺苷在人體中扮演著神經傳導物質的重大角色，用於讓神經系統中的神經細胞傳送訊息給另一個神經細胞。在正常情況下，當電訊號行經某個神經細胞，到達其中一端時，會促使神經元尖端釋放一點點神經傳導物質，例如腺苷。接著，腺苷會附著到鄰近神經元尖端的特殊受體，在這個鄰近神經細胞內啟動新一波的電訊號。於是，訊息就這樣沿著一個神經傳遞到下一個。當你早上醒來時，大腦內的腺苷非常少。隨著時間慢慢過去，腺苷會由神經細胞產生，開始累積。如果腺苷是做為神經傳導物質被釋出，作用就是讓大腦知道自己已經疲憊不堪了。而在身體各處，腺苷會減緩心跳，並擴張血管，使血壓降低。基本上，腺苷就是一種讓人昏昏欲睡的全能化學物質，會減緩身體機能。

咖啡因真正狡猾之處，在於它可以仿效腺苷，與神經上的所

有腺苷受體結合，但關鍵的一點是，咖啡因不同於腺苷，它與受體結合時不會發生任何反應。咖啡因附著到神經細胞後，不會啟動新一波的訊號。這表示，如果你喝下大量咖啡，咖啡因會把所有受體搞亂，腺苷令人昏睡的一般訊號就被擋住去路了，結果是人會保持清醒。咖啡因也會阻礙腺苷使心跳減緩、血壓降低的管道，這就是為什麼咖啡因會讓人感覺精力充沛。雖然咖啡因會帶來和興奮劑一樣的效果，卻是藉由關掉人體與生俱來的放鬆系統來達成目的。因此，人體本身製造的興奮劑，像是多巴胺和腎上腺素，就會使人保持清醒活躍。

以上說明了喝下一杯咖啡後，獲得咖啡因所帶來的提神效果會發生什麼事。但是，為什麼有那麼多人嗜喝咖啡呢？既然咖啡因本身不是興奮劑，就不會讓人像對古柯鹼或安非他命等藥物那樣成癮。但你很可能會逐漸愛上那種當身體很累、想要拖你上床，同時卻保持清醒的感覺。若真是如此，你就會把咖啡或自己偏愛的咖啡因來源，與那些正向感覺聯想在一起，產生一種心理上的渴望。

不過，喝咖啡也會讓人體產生變化。就算一天只喝一杯咖啡，也會使人體開始製造更多的腺苷受體。人擁有愈多受體，就需要愈多咖啡因來阻擋，一杯咖啡所能帶來的提神效果也會隨之減少。長期下來，人體對咖啡因感到習以為常，振奮效果也會變小。

更糟的是，如果你這時開始不再喝足每日的咖啡量，就沒有

東西可以阻擋過多的腺苷受體了。你會變得更容易受腺苷誘人昏睡的作用影響，覺得比以前更累。除此之外，腺苷活性過高，也會產生戒斷症狀，最常見的情形就是出現頭痛。所有多出來的腺苷受體，沒有受到咖啡因阻礙，於是血管舒張，血流速度變慢，會造成周圍組織略微腫脹。上述情形發生在大腦時，這些小腫脹會使人頭痛。當然，只要再喝一杯咖啡，腺苷受體就會受到阻擋，於是血管收縮，腫脹消退，頭痛因此消失。

另一個常出現的咖啡因戒斷症狀是煩躁易怒。但我只要出現任何頭痛的情形，就一定會有點暴躁不安，所以不確定要怎麼判斷，使人脾氣暴躁的原因究竟是什麼：太多腺苷受體？還是咖啡因戒斷造成的頭痛？

就像我們所使用的任何藥物，不管是為了娛樂目的，還是治療疾病方面的醫療用途，有害、無害都取決於劑量的多寡。咖啡因只要攝取夠多就有害，至於夠多的定義，就要看某些條件，像是個人體重和攝取多快等。理論上，一百杯咖啡就含有足以讓成年男性致死的咖啡因。不過，由於咖啡因約四小時就能從人體內排除，要喝下那麼多咖啡就得用極快的速度才行。較讓人擔憂的是，一般人可以輕易買到，被當成運動表現增強劑的純咖啡因粉。這種粉滿滿一匙就等於過量了。

結論是，沒錯，我們渴望咖啡及其所含的咖啡因，多半是因為喜歡咖啡能讓自己覺得清醒、警覺、充滿精力。這不是一種身體上的成癮，但只要踏上了咖啡因跑步機，想要停下來，將讓人頭痛不已。

4

與菌共食

Sharing Our Food With Bugs

五秒原則

　　五秒原則是：當某樣食物掉到地上，你在五秒內把它撿起來，那麼將它吃下肚是沒關係的。你偶爾會看到更嚴格的版本：三秒原則。但這些有如至理名言般的民間智慧，真的有科學根據嗎？

　　顯然不會有人想吃下任何黏在食物上的沙粒或幾根頭髮，但假設你已經把任何來自地上的可見髒物都撥掉或吹掉，這樣把食物吃下去安全嗎？這個問題的答案非常簡單：不，食物只要掉落地面，就不宜食用了。但想要細究這個答案，就得先思考所謂的「安全」是什麼。如果涉及的是「安全與否」，就是在談風險，假如重點在於有無風險，就來做一點風險評估。

　　如果從衛生安全的角度出發，風險評估的首要之務便是找出潛在危害，換句話說，就是可能會出差錯的地方。就食物掉到地上而言，假設食物上沒有不宜食用的沙粒，那麼風險可能是接下來會吃到有害病菌，導致出現腹瀉的腸胃不適、胃抽筋，也可能發燒。最有可能造成上述情形的細菌是空腸曲狀桿菌（*Campylobacter jejuni*），多數人可能都沒聽過，因為這種細菌所引起的食物中毒，症狀通常相當輕微，大約有四分之三的腸胃不

適都是由這種細菌所引起的。

　　要為剩下四分之一病例負責的，則是人人都必須留意的細菌；由沙門氏菌和大腸桿菌（*Escherichia coli*）引起的食物中毒，都會帶來非常嚴重的後果。英國每年約有2,500人因沙門桿菌而住院。但一般人不想感染到的是大腸桿菌。平常，這是一種在人體腸道內生活的無害細菌（詳見第138頁）。但是，這種菌類的某些菌株演化出格外麻煩的能力，會製造出「志賀毒素」；這個命名來自於二十世紀初首次描述此毒素的日本微生物學家。志賀毒素會對人體產生極為討厭的影響，我不會詳加描述那些可怕的細節，但最終結果通常是住院治療，也可能導致腎衰竭，最嚴重的情況甚至會致死。在這類細菌中，可能引起上述病症的最知名菌株是「O157：H7型大腸桿菌」，它是造成全球各地爆發多起備受矚目疫情的罪魁禍首。有點可怕的是，這種細菌只要一點點就足以引發食物中毒。

　　當食物掉到地上時，可能的危害就是你會吃下O157：H7型大腸桿菌之類的細菌，然後因此死亡。任何風險評估的第二步，就是研究危害實際發生的機率有多高，這時候就輪到科學登場了。不少研究都針對五秒原則加以探討，最早可追溯至2003年，16歲的美國伊利諾大學（University of Illinois）暑期實習生吉莉恩・克拉克（Jillian Clarke）進行的最初實驗。她選用小塊的方形磁磚，在上面塗一種無害的大腸桿菌，再把小熊軟糖或餅乾丟到那塊磁磚上。五秒後，她便拿走食物，結果發現不管哪種情況，

食物都已經被試驗用的細菌污染了。克拉克的努力成果，讓她獲得2004年的諾貝爾公共衛生獎。嗯，那其實是搞笑諾貝爾獎（Ig Nobel Prize），專門頒給那些會讓大家發笑再深思的研究，而與克拉克一同上台共享殊榮的，還有研究呼拉圈物理的人、一個取得復古梳（comb-over）髮型專利的男人、一群發現鯡魚靠放屁來溝通的團隊。但重點是，克拉克針對一個許多人認為瑣碎或愚蠢的主題，採用了嚴謹的科學方式來研究。

自從她那份初始研究之後，其他研究人員接棒，繼續延伸這個研究主題，檢測了不同食物掉在各種物體表面的結果。這不是非主流科學，最新的研究成果已經在2016年的年底獲得了微生物學領域最頂尖科學期刊的發表認可。該項研究中，紐澤西州立羅格斯大學（Rutgers University）的科學家羅蘋·米蘭達（Robyn Miranda）和唐納·沙夫納（Donald Schaffner）檢測了各種食物，包括麵包、塗抹奶油的麵包、西瓜片，以及再次出現的小熊軟糖。這些要丟到地上做實驗的食物，可能看起來是古怪的組合，但確實涵蓋了表面濕、油、乾的各種食物，不過老實說，我有點不懂為什麼會選小熊軟糖。

這些科學家把食物丟到仔細塗抹細菌的鋼鐵、磁磚、木頭、地毯上，再檢視一秒、五秒、三十秒、五分鐘後，轉移到食物的細菌有多少。他們發現的結果，證實了吉莉恩·克拉克的研究成果：食物在接觸地表的瞬間，或者至少在一秒內，就受到污染了。這表示五秒原則是胡扯，這兩名科學家也發現，把食物留在

原地愈久，轉移的菌數會愈多。出人意料的是，在乾燥和乾燥了相當長一段時間的物體表面上，菌數居然很少。細菌可以在乾燥環境中存活，但無法存活太久。物體表面如果已經風乾好幾個小時（數天會更好），或許可在該表面上生存的細菌數量就會非常少。但如果物體表面覆著薄薄一層水，可能就會充滿菌類。同樣地，細菌也比較容易附著在表面偏濕的食物上。水具有黏性，不管食物掉到什麼物體上，水都會流進物體表面的每個角落。

這麼看來，如果掉落的食物偏乾又不黏，也許是一小塊吐司，食物所掉落的物體表面也一樣偏乾，還乾了好幾個小時，可能是你家廚房的地板，情況似乎對你有利。在這些條件下，很有可能不會有太多細菌附著，也不會有太多細菌轉移到吐司上。如此一來，你可能會決定把吐司吃掉。然而，儘管發生不幸意外的可能性已經降至最低了，卻永遠無法降到零。別忘了，只要有一點點O157：H7型大腸桿菌，就能讓人病得很嚴重。

我也應該指出，米蘭達和沙夫納的研究結果發現，為了盡可能不讓食物受到污染，食物最好是掉在地毯上。大概是因為食物落在往上豎立的地毯纖維時，與實際的表面並沒有太多接觸。如果吐司掉在地毯上，情況對你有利。不過，你可能拿的是一面乾、一面濕的吐司，如果掉下去的吐司，是塗奶油的那一面朝下，那麼結果只會一團糟。

人體內與體表的微生物群

剛才我談到了你永遠不該跟致命細菌賭命的話題，可能會讓你覺得所有細菌都對人體有害，但事實並非如此。細菌是人體消化食物過程中極為重要的一部分，近期研究顯示，細菌可能與控制胃口有關。多年來，數量龐大的細菌生活在人類的體表與體內，已經是科學常識了。

起初，大家都以為這些細菌只是搭人體的便車，雖然不會造成傷害，卻也不會帶來什麼益處。你會看到針對人體究竟有多少細菌的種種估計值，不過，媒體與兒童科普書通常會大肆誇耀的一個統計數字，就是一個人身上的細菌細胞總數是人類細胞的十倍之多。這會讓人得出一個很妙的結論，意即從數量上來看，與其說我們是人類，反而更接近細菌。由於總數真的很高，因此總能吸引眾人的注意力。

通常會被引述的細菌總數是一百兆個細胞，這可是「一」的後面有十四個零。近期的看法比較沒那麼誇張，最新的估計值來自以色列魏茨曼科學研究院一組三人科學團隊的研究結果，他們發現兩者之間的比例稱不上是十比一，說一比一還差不多。平均而言，一名擁有標準身材：身高170公分、體重70公斤的男性，

身上的細菌細胞會比人類細胞略多，比例是 1.3 比 1，這恐怕很難登上頭條新聞。

有趣的是，細菌總數會因人而異，有人身上擁有平均數量兩倍之多的細菌，有人則只有一半。總數大量下修的原因，多半是因為資料更完善，也多虧了科學家對細菌位於何處更為了解。研究人員也進行了全面的調查，繪製出人體各種細菌群落的分布位置。人體的不同部位居住著不同的細菌；頭皮上與腳趾頭之間，由於兩者的環境有如天壤之別，在這兩處找到的細菌種類也完全不一樣。

值得略提一下的是肚臍細菌。顯然，一般肚臍——或是專業術語的臍（umbilicus）——的環境極其特殊，只有單一一科的細菌可在此生存。肚臍無疑是很不尋常的環境，不尋常到研究人員在其中一位受試者的肚臍中，發現了隸屬於完全不同領域的成員，也就是古菌域（archaea）。在此說明一下，生物分成三大域：細菌、真核（eukaryota，包含植物、真菌、動物）、古菌。古菌與細菌類似，但生化特性獨特，一般只有在最極端的環境下才找得到。話雖如此，那名肚臍裡住有古菌的受試者，確實聲稱自己好幾週沒洗澡了，可能就解釋了極端環境的這個條件。

所有生活在人類體表與體內的細菌，統稱為微生物群（microbiota）。它們都在做什麼呢？如今，已經沒有人相信這些細菌只是搭人體的便車。這類細菌大量住在腸道內，且絕大多數集中在大腸，因為對許多想繁衍壯大的細菌來說，小腸與胃的環

境通常過於惡劣。從結果來看，腸道菌扮演著眾多的必要角色。首先，大腸中的細菌能夠消化一些植物纖維和複合碳水化合物，否則這些東西就會堆積在腸道裡了。這些細菌會分解這些纖維，製造出名為短鏈脂肪酸（short-chain fatty acid, SCFA）的產物。如此一來，這些產物就能被人體吸收，提供能量，有助於人體吸收必要的營養素，例如鈣、鎂、鐵。當這種細菌消化程序出差錯時，後果就由人體來承擔。如果服用抗生素，常見的副作用就是與抗生素有關的腹瀉。抗生素這種藥物不只會殺掉壞菌，也會消滅好菌，因此腸道菌基本上就被徹底滅絕了，纖維無法轉換成短鏈脂肪酸，水也會被困在大腸中。

然而，這不是目前讓微生物學家感到激動的事。前不久，多項實驗結果顯示，腸道菌可能有辦法為人體帶來相當劇烈的改變。看起來，哺乳動物的腸道微生物群不只能控制宿主的體重，還能控制宿主的情緒，甚至行為。由於這些實驗都是以老鼠為對象，意味著實驗結果可能無法直接套用在人類身上。但在這類科學實驗中，老鼠都是相當優良的人類替代對象，所有研究也都是採用特殊的無菌老鼠。這些老鼠都是在完全無菌的環境下繁殖長大，經過多個世代的培育，牠們身上或體內都沒有細菌了。

這些無菌老鼠要承受的首波影響，就是必須吃下比一般老鼠食量還多的食物，才能維持健康的體重，這是沒有腸道菌可消化纖維並產生富含營養的短鏈脂肪酸，所造成的直接影響。接著，來自美國聖路易的研究人員將其他一般老鼠的腸道微生物群移

植到這些無菌老鼠身上。移植的另一種說法是「糞便移植」，沒錯，指的就是移植糞便。如果移植體重不正常老鼠的腸道微生物群，就會出現有趣的結果。把肥胖老鼠體內的細菌放進無菌老鼠體內，後者也會變得肥胖；同樣地，來自體重過輕老鼠體內的細菌，也會讓無菌老鼠的體重過輕。腸道菌顯然對無菌老鼠做了些什麼，才會改變牠們的新陳代謝。然而，究竟發生了什麼事，研究人員才正要開始理出頭緒。

　　來自美國耶魯大學（Yale University）的研究團隊表示，可能該怪罪的是那些富含營養的短鏈脂肪酸。這些脂肪酸惡搞老鼠的腸道菌，使其製造更多的短鏈脂肪酸，要注意的是，這種情況不知為何啓動了大腦內的一大堆訊號系統，促使名為「飢餓素」（ghrelin）的飢餓荷爾蒙分泌。一般來說，肚子餓了，飢餓素才會被釋放到血液中，增加飢餓的感覺。因此，當老鼠的腸道菌製造太多短鏈脂肪酸時，會促使這些老鼠飢餓，進而因大吃而變胖。更令人著迷的是由愛爾蘭科克（Cork）與美國休士頓兩地科學家在2016年所進行的兩組實驗。

　　愛爾蘭科學家表示，如果把腸道菌從患有重度憂鬱症的人體內，移植到無菌老鼠體內，這隻老鼠也會變得憂鬱。雖然聲稱老鼠憂鬱的說法可能看似古怪，但在實驗室情境中，有方法可以評估老鼠的心理狀態。要注意，這個實驗是患有憂鬱症人類的腸道菌，為老鼠的情緒帶來負面的影響。另一方面，休士頓的研究團隊則是把肥胖老鼠的腸道菌，移殖到幼鼠身上，讓幼鼠變得不愛

社交，再餵食益生菌，使其變得熱愛社交。從這些結果看來，至少就老鼠而言，不只是體重會受到腸道微生物群所調控，情緒和行為也是。

　　上述這些結果對人類來說代表什麼？雖然我們還不能確定自己體內的細菌是不是也正發揮著同樣的作用，但其影響力顯然比我們以前認為的還要大。人們承受的壓力與多種消化及腸道疾病有關，已經是由來已久的共識了。舉例來說，腸躁症候群（irritable bowel syndrome）通常會伴隨臨床憂鬱症。在一般的假設中，認為是憂鬱症造成了腸躁症，但是情況有可能反過來，這兩種疾病的根源都是來自大腸內的細菌。

　　不過，有一種簡單的方法可以改變腸道微生物群。只要你改變飲食，就能大幅影響大腸菌的種類與數量，並能在短時間內看到效果。2013 年，一份美國哈佛大學的研究顯示，在志願受試者劇烈改變飲食習慣之後，只需要 24 個小時就能在他們的微生物群中看出同樣劇烈的改變。這就又回到了人們所吃的食物，以及這些食物如何以超過我們所知的方式，為我們帶來深遠的影響。雖然「比起由人類細胞構成，我們更接近細菌」的說法恐怕不是事實，但那些細菌看起來確實在我們與食物的關係中扮演著必要角色。

殺菌的精妙科學：罐頭與乳品

　　考慮到整個世界都充斥著細菌、病毒與其他菌類，它們不只出現在進行廚房作業時的每個表面上，也在你身上、肚臍洞裡、腸道內，我們真的有辦法不讓食物沾附這些微小的有機體嗎？任何在無菌實驗室外生長的食物，就跟你一樣，表面一定會覆蓋著某種程度的微生物。此外，人人都知道，細菌最終一定會讓食物腐敗，將美味可口的營養成分變成無法食用的廢渣。

　　那麼，可以把細菌從食物中去除嗎？可以，但是要付出代價。有幾種辦法可以把食物中的細菌與其他微生物完全去除，不過，無論哪一種，結果不是改變食物的味道，就是口感。因此，大部分的食物保存方法，都不會除去所有的細菌，只會將其數量減少。若要在食物的保存期限與味道和口感的改變之間找到平衡，通常需要有所折衷。

　　真正證明了能把某物變成完全無菌的第一人，是十八世紀的義大利科學家拉札羅・斯帕蘭札尼（Lazzaro Spallanzani）。諷刺的是，當時他並不是研究如何保存食物，而是更基本的事。1700年代初期，顯微鏡已經發展到可以讓人看到細菌與其他微生物。這些微小生物無所不在的事實顯而易見，問題在於它們從何而

來。當時盛行的看法是，非生物物質混合了神祕的生命火花，就會自然形成細菌和微生物。1768年，斯帕蘭札尼決定證明事實並非如此。那時候，已經有人證明如果把肉湯煮沸，就能殺死所有微生物，但這些微生物似乎總是會重新出現並再生。斯帕蘭札尼把肉湯放進密封容器裡，再把整個容器丟進沸水煮一個小時。高溫經由容器傳遞到肉湯裡，殺死所有細菌，由於容器已經是密封狀態，微生物絕不可能有辦法再生。如此便能證明自然產生的生命是不可能的。這項實驗以前也有人試過，但前人之所以失敗，是因為打造出了可加熱的容器，卻無法避免內容物遇熱膨脹爆開的情況。不過，斯帕蘭札尼不感興趣或沒想到的是，他所證明的「生命不會自然出現」這個事實，可應用於廚房。

直到1810年，以加熱方式保存食物的方法，才由法國人尼古拉・阿佩爾（Nicolas Appert）嘗試成功。當時的15年前，正處於法國大革命的最後幾年，剛成立不久的共和國軍隊將領（包括了當時25歲的拿破崙將軍）提供了12,000法郎的高額獎金，徵求新的食物保存方法。這個消息公布時，阿佩爾正在巴黎擔任甜點師，他決定用源自家鄉的熟悉技術，特別是香檳瓶，搭配斯帕蘭札尼的方法。在最初幾次嘗試成功後，他轉而開始拿廣口瓶來實驗，瓶塞則用萊姆與起司做成的漿糊封好。這確實是古怪的組合，但似乎撐過了用沸水烹煮的這一關。結果顯然很驚人，因為阿佩爾在1810年出版的書籍中，形容那些瓶裝豌豆具備「所有剛採收蔬菜的鮮度與風味」，他也從拿破崙皇帝的手中獲得了獎金。

但是，將這種保存方法大幅改用金屬製容器的是另一名法國人菲利普・德吉拉爾（Philippe de Girard）。由於阿佩爾已經壟斷了法國市場，德吉拉爾無法在該國取得專利，於是，他索性偷走阿佩爾的點子，透過以倫敦爲據點的代理人彼得・杜蘭（Peter Durand），在英國申請專利，而專利上寫的就是杜蘭的名字。這就是爲什麼杜蘭明明沒有發明錫罐，卻獲得了所有功勞。到了1813年，首座罐頭工廠在南倫敦柏蒙西（Bermondsey）正式開始營運，但罐頭食品在當時很昂貴，眞正會使用的只有軍方及一些揮霍無度的有錢人。阻礙罐頭食品普及化的一個特殊原因，就是開罐器直到1845年才發明出來。早期罐頭附上的使用說明標示，建議使用鐵鎚和鑿子來開罐，這無疑是危險之舉。

　　早期的罐頭因爲可用來將食物保存好幾年，顯然是極爲創新之物，但它的內容物幾乎稱不上是新鮮。儘管阿佩爾在書中百般讚賞，不過由於罐頭製造過程的必要程序，罐內的食物一定會被完全煮熟。這不代表食物不營養也不可口，事實上，像是葡萄柚等某些食品，比起未煮的新鮮狀態，在處理成罐頭後反而更具營養。罐頭製造過程不只會阻止葡萄柚繼續熟化——熟化會消耗水果的部分維生素成分——同時也會分解一些纖維，使人在吃下後可以吸收更多營養。然而，考量到阿佩爾的罐頭在製作時會將食物烹煮一個小時，我可以認定他的罐頭蔬菜八成都煮過頭了。

　　這種保存法的關鍵，顯然就是要找到折衷的辦法。必須消滅每隻細菌嗎？可以用比較沒那麼粗糙的加熱方式來殺菌嗎？答

案是可以的，前提是犧牲一點保存期限，而這時就輪到巴氏殺菌法（pasteurization）上場了。這種殺菌法以路易‧巴斯德（Louis Pasteur）命名，他在1864年進行了決定性的實驗。不過，就像生產技術歷史中常見的例子，巴斯德也不是發明這種方法的第一人。這份榮耀應該屬於比巴斯德早四百年的日本釀清酒和尚。總之，巴斯德最終得以將自己的名字附加於這道程序，大家從超市購買的大量食品也都採用這種方法處理。比方說牛奶，或者任何以牛奶製成的產品。從乳牛牧場直送到工廠的生乳，會被抽進一套金屬管系統，這些管線都浸在熱水浴中。調整熱水浴的溫度與生乳的流量，就能確保牛奶在一段確切的時間內能達到確切的溫度。世界各地的標準略有不同，但在英國，牛奶溫度必須達72℃，維持15秒。

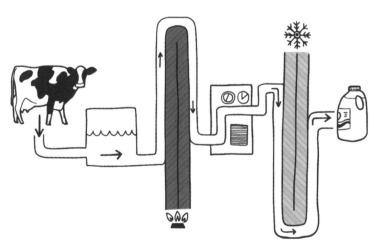

從牛隻泌乳到牛奶盒的巴氏殺菌法

規定就是如此明確，加熱時間與溫度都必須精準到位。加熱過久或溫度太高，就會開始改變牛奶的味道。反之，如果溫度過低或加熱時間太短，就無法殺死數量夠多的細菌。那麼，數量多少才算是夠多呢？一盒牛奶可容許的菌數又是多少？

牛奶所含的細菌多寡，會因為農場和乳牛的差異而有天壤之別。細菌可能是源自乳牛本身，如果不是來自髒兮兮的乳房，嚴重的話，就是來自乳腺炎（mastitis）的乳頭感染症狀。此外，還有擠乳設備、金屬管線、儲存容器、運送生乳的牛奶罐車是否衛生等問題。

當一切順利時，製乳公司會預估來自健康乳牛與營運良好農場的生乳，每毫升的菌數約為一萬。這個數字可能看似很高，但要記得，一般人類糞便的菌數約十兆，總重達十克。因此，一切都是相對的比較結果。用巴氏殺菌法處理的牛奶會以恰好的72℃加熱15秒，可殺掉99.99999%的細菌。這聽起來致命極了，但仔細算一下，一公升生乳的菌數可能有一億，用巴氏殺菌法處理後，還會剩下十個左右的細菌。那代表什麼？可以安全飲用嗎？如果一公升牛奶的菌數是一百，可以放多久不會變質？要回答以上問題，就得想想如果牛奶沒有進行低溫殺菌會發生什麼事。

首先，生乳含有的某些細菌可能會致病，換個說法就是讓人生病。這類細菌有討厭的食物中毒細菌，還有極度危險的害菌，像是白喉、傷寒，甚至是結核菌。多虧有巴氏殺菌法，這些疾病都已經成了歷史，大家也都忘了它們有多棘手，但這些疾病真的

很可怕，每十名感染者當中，就有一人會死亡。吞下數百萬的可能致病菌，顯然非常危險，不過，人體本身的防禦系統大概應付得了。但如果你的身體本來就有點不舒服了，免疫系統也許會忙不過來，你就可能對牛奶中的細菌舉手投降。

　　如果牛奶含有上百萬個細菌，還會帶來另一個問題：這些細菌靠什麼維生？這些細菌夠仁慈的話，會開始消化牛奶中的乳糖，將之轉換成乳酸。一開始，這會讓牛奶的味道變酸，但時間夠久的話，這些乳酸會使牛奶蛋白質凝結，變成一大塊有如優格的物質，散發強烈的氣味，還會晃來晃去。除此之外，這段期間也會產生其他氣味分子，我甚至還沒提到可能會出現的真菌孢子，以及黴菌會怎麼開始生長。

　　顯然沒有人想讓上述任何一件事發生在自己飲用的牛奶中。但如果能把菌數降得夠低，就可以大幅提高牛奶可能具有的安全性與耐久性了。如果牛奶的菌數只有幾百或幾千，就算你很倒楣，這些細菌當中會致病的也只是少數，人體與生俱來的防禦機制就足以應付了。同樣地，這些少量的細菌也會開始製造乳酸，但只有微量。此外，如果你把牛奶放到冰箱維持低溫狀態，便能大幅減緩牛奶中細菌的活動。在室溫下，未經低溫殺菌的牛奶或生乳也許能靜置一天；將同樣的牛奶冷藏保存，則可以放一個星期。不過，用巴氏殺菌法處理的牛奶，大概可以放上兩週，或許三週。因此，談到要消滅食物中的細菌時，必須在保存期限與味道之間找到一個平衡點。

保存期限的意義

　　全球各地的食品製造商都會在民眾從超市購買的產品上，標示各種有效期限。每個國家的確切用字可能略有不同，這些日期代表的真正意思也可能天差地遠。比如在美國，多數食品會附有以下三種保存期限（shelf life）之一：出售截止（sell-by）、食用有效（use-by）、最佳食用（best-before）。英國和歐盟也有一組類似的日期標示，但已經不再建議食品生產業者標示出售截止日期了。問題在於，以上這些不同的日期標示會引發民眾的困惑：超過保存期限的食物可以吃嗎？關於這一點，完全取決於標示的是哪個保存期限，採用的又是哪一套規定。

　　英國民眾必須要留意的是「食用有效日期」。這個日期真的就如字面所示，應該要在標示日期的午夜前用掉該食品，大多就是吃掉它。超過這個日期之後，食物就不再安全，建議你扔了吧。「最佳食用日期」還有一點轉圜餘地，代表的是製造商建議在這個日期之前吃掉該食品，才能品嚐到食物的最佳狀態。如果你想在這個日期之後食用，儘管吃吧，但味道就不會一樣可口了。「出售截止日期」是以前最令人困惑的標示，因為標上這個日期只是為了讓零售商掌握自家庫存放在貨架上有多久而已。出

售截止日期的存在，並不是專門拿來建議消費者該在什麼時候把產品吃掉，這就是爲什麼在英國已經看不到這個日期標示了。在美國，相同的標示意思也都差不多，但關鍵是，沒有哪一個是官方的安全標示，因此都不具有法律效力。確切的用字也沒有固定的說法，因此「食品日期標示」規範與其說是實際規定，不如說是指導原則。

　　但是，製造商要怎麼算出這些日期，決定哪些食品要標上食用有效日期、哪些標上最佳食用日期？這個問題的答案相當簡單。此處必須考慮的是，當食物擺放超過假定的保存期限時會發生什麼事。如果吃下該食品可能會有危險，也許是因爲細菌會滋生或讓食物產生毒素，那就貼上食用有效日期。另一方面，如果食物只是變得沒那麼可口，也許是因爲不再酥脆或不新鮮，就標示最佳食用日期。標示食用有效日期的食品種類，往往是含水食物，例如牛奶、肉類或起司等很快就會滋生細菌的類型。另一方面，乾燥食物通常會標示最佳食用日期。

　　至於要如何決定這些期限，尤其是食用有效日期，就有點學問了。關鍵在於什麼才是會讓人感染的最低菌量。這指的是讓一個健康人出現感染所需的最小菌數。值得注意的是，這個細菌量不會在每個人身上引發感染，但如果你很倒楣，就有可能出現症狀。我所謂的倒楣，指的是你的免疫系統並非在最佳狀態，也許是因爲感冒了、睡眠不足，或是工作讓你備感壓力。

　　最低感染菌量會因細菌而異，因此你必須知道準備印上日期

標示的食物中，可能會出現哪些細菌。以生雞肉為例，其常見的污染物是沙門氏菌，可能引發特別棘手的食物中毒。沙門氏菌的最低感染菌量通常是十萬。因此，低於這個數字的肉品會被視為可安全食用，現在的問題就變成，如果把一塊生雞胸肉放進冰箱，那些細菌要花多久時間才會增加到上述具有潛在危險的數值？算出來後，就能得到食用有效日期了。只不過食品生產業者會格外慎重，標上比計算結果還要早幾天的日期，以防食物不是保存在最佳溫度下。

　　欲算出這個日期，可以把一大堆食物的樣品塞進冰箱裡，接著每天抽一個出來檢測菌數，或是用選定的細菌刻意污染食物，再看這些細菌要花多久時間，才會達到危險數值。但大部分的保存期限都不是透過上述方式來決定，因為這麼做耗時費工又花錢。多數製造商利用專為特定食品打造的電腦模型，他們會將製造過程、運輸、保存的各種條件輸入模型，運用以往的科學數據，預測安全的食用有效日期。

　　隱身在這些計算與如何決定保存期限的背後，是一個規模相當龐大的產業——多虧了這項產業，大家才能安心到超市購買食品，也能確定這些東西都能食用。但有很多人都忽視這些日期標示，經常在食物超過食用有效日期後繼續吃，卻也沒出現什麼問題。是食品生產業者在決定這些日期時太過謹慎了嗎？害怕會對民眾造成健康危害，因而被捲進訴訟嗎？大家是不是因為食用有

效日期到了，就把食物都扔了，但其實那些食物還可以吃呢？這個問題的答案當然是：「是。」大家確實會丟掉保存期限到了卻還能吃的食物。這是因為整套體系打從一開始就具備了一定的慎重程度。一切全在於風險，以及如何評估風險（參見第134頁的「五秒原則」）。

當然，你可以吃掉那片只超過食用有效日期一天的火腿，但你能確定它沒有受到污染，不具有引發嚴重食物中毒的大腸桿菌危險含量嗎？值得一提的是，食物中毒不是什麼影響不大或微不足道的疾病。美國每年食物中毒病例逾五千萬人，其中得住院治療者有十五萬人，最終死亡的逾三千人。如果你考慮要吃的那片火腿還在食用有效日期的範圍內，也經過適當保存，便能確定火腿含有危險菌量的可能性，低到讓你不必擔心。

保存期限的重點，在於運用微生物學的科學原理，讓你不必亂猜什麼東西可以安全食用。這意味著，如果大家都同意扔掉食物是一件壞事，合理的作法就是只買那些肯定會吃的食品，再確保自己會在期限以前把這些食物吞下肚。但我很清楚，這件事說來容易，做起來難。

好菌與發酵的奧祕

　　本書這一章到目前為止，有時候我會隨興地使用極不科學的用詞「菌類」，來指稱與我們共享這個世界的微生物。我對這些菌類的看法大致上也偏向負面，除了人體的腸道微生物群例外。因此，在這裡必須好好澄清一下，許多菌類不只在廚房以及在準備食物的過程都派得上用場，也不是所有菌類都是細菌。雖然一般人在日常生活中碰到的絕大多數菌類，確實都來自各種菌科，但菌類也包含了真菌、細小植物，甚至是肉眼看不到的動物，不過，像那種用顯微鏡才看得到的動物，雖然對人有益也用於食品製造，卻極為罕見。菌類如何有助於人類生產食物呢？

　　菌類協助生產食物的最常見方式，無疑就是透過發酵（fermentation）了。你大概知道發酵是製造所有酒精飲料的方法，但發酵也是生產大量各式食品的同一道基礎程序。這個常見的處理法，也製造出優格、醬油、味噌、魚露、法式酸奶油、德國酸菜、韓國泡菜、紅茶菌茶，連義式臘腸也稍微經過發酵處理。此外，有些主要食材需要經過發酵這道步驟，才能拿去料理，像巧克力和香草基本上都平淡無味，直到新鮮的可可豆或香草莢經過仔細發酵，才會散發出各自特有的香氣。每樣發酵食品

都有專屬的發酵方式，需要特定的微生物與特定的條件。不過，發酵的本質是一項非常簡單的原理：**缺氧**。

在所有的有機體內，其生存所需的能量均來自一種化學過程：呼吸作用（respiration）。大家最耳熟能詳的一種呼吸作用，就是人們從食物中汲取能量的方法，如下所示。第一步是把一個葡萄糖分子分解成兩個一模一樣的丙酮酸鹽（pyruvate）分子，丙酮酸鹽只是呼吸作用的中間產物分子。光是這個反應過程，就能釋放出可讓人體細胞生存的大量能量。接著，第二步是為中間產物丙酮酸鹽添加氧氣，使其進一步分解，釋放更多能量。整個反應過程的關鍵在於，雖然為了產生最多能量，最好這兩個步驟都能進行，但其實不必這麼做。呼吸作用的第一步就可以產生能量，有些有機體會選擇停在這裡，不繼續進行需要氧氣的第二步。在某些情況下，這些有機體別無選擇。有些細菌生活在積水的環境中，本來就無氧，因此變得非常習慣只進行第一步，氧氣對它而言就變成了有毒氣體。

然而，這時候出現了難題。要讓第一步發生，也就是將葡萄糖分子分解成兩個丙酮酸鹽分子，需要用到另一種化學物質：菸鹼醯胺腺嘌呤二核苷酸（nicotinamide adenine dinucleotide），簡稱NAD。NAD分子有兩種形態，NADH和少了氫原子的NAD+。要在這兩種形態之間轉換相當容易，人體所有細胞中的NAD一直在NAD+和NADH之間反覆循環。呼吸作用進行第一步時，便

是將NAD+轉換成NADH。那麼，之後要怎麼把NADH轉換回NAD+呢？只要用掉原本產生的一些能量就行了，但如果停在第一步，不進行需要用到氧氣的第二步，就可以利用發酵。

這時候，輪到科學定義下的「發酵」登場了。使用呼吸作用第一步的產物「丙酮酸鹽」分子，把NADH轉換回NAD+，有兩種方法，各自都會產生理想的無用副產物。簡單的方式是把丙酮酸鹽直接轉換成乳酸；另一種方式則是先去掉一個碳原子和兩個氧原子，以產生二氧化碳氣體，丙酮酸鹽剩餘的部分會被轉換成酒精，具體來說就是乙醇。因此，如果有機體採用無氧的呼吸作用，所產生的廢物是乳酸或乙醇。究竟採用哪種方式，取決於它是哪種有機體。細菌往往偏愛產生乳酸的方式，像酵母這種微小的真菌則喜歡走乙醇的路線。這就說明了發酵食品為何會分為兩大類。

如果你用來發酵的是會製造乳酸的有機體，最終就會得到優格、德國酸菜、韓國泡菜等成品。用來生產這類食品的最常見菌類，是一種名叫乳酸桿菌（Lactobacillus）的細菌。若將乳酸桿菌放在無氧環境下，它會從完整的呼吸作用切換成乳酸發酵。乳酸桿菌一邊生長，一邊製造乳酸，這些乳酸則具有數種不同用途。將乳酸添加到牛奶，會讓牛奶中的蛋白質改變形狀：這些蛋白質會變性（詳見第29頁），變成義大利麵般的長條分子。接著，這些分子會彼此交纏，把牛奶液體變成凝結成塊的固體，也就是一般人所知的優格。如果原料是蔬菜，最終產物就是以酸

醃製而成的食物，譬如德國酸菜（德式的醃高麗菜）或韓國泡菜（韓式料理，通常是醃大白菜和蘿蔔）。

另一方面，如果你希望產生酒精或二氧化碳氣體，就必須在食物中加入真菌。最廣為採用的是單細胞的釀酒酵母菌（Saccharomyces cerevisiae）或酵母。當酵母混入大量糖或澱粉的食物中，它就會採取簡單的途徑，只進行呼吸作用的第一步，再將產物發酵成二氧化碳和乙醇。如果原料是葡萄汁這一類果汁，其中的糖就會被轉換成丙酮酸鹽，再進一步變成讓葡萄汁升格為葡萄酒的酒精。沒有那麼顯而易見的是，上述反應過程與製作麵包的過程一模一樣。酵母會讓澱粉中的糖發酵（詳見第72頁），產生二氧化碳氣體，使麵包膨脹。不論是酒或麵包，另一種發酵的產物（二氧化碳）都會出現。酒會產生二氧化碳，但二氧化碳會從酒中逸出；做麵包時會產生一些乙醇，通常在烘烤過程就揮發掉了。而像香檳這類的飲品，則會同時利用酵母產生的兩種廢物：副產物酒精會將葡萄汁變成葡萄酒，二氧化碳則被困在液體中，使香檳充滿氣泡。

對大量食品的製造過程來說，這兩種發酵方式都很重要。多數食品只需要一種發酵方式，但有少數幾種會混合兩者。酸種麵包（Sourdough bread）仰賴酵母與細菌的化合作用，才能產生其獨特的成品。細菌會開始消化酵母無法處理的糖，產生乳酸。這賦予了酸種麵包那股特殊而強烈的氣味，也為酵母提供食物來

源，經由發酵產生二氧化碳，使麵包膨脹。

　　發酵自石器時代便存在了，已經有約一萬年的歷史，是最早也最廣爲使用的食品加工法。少了發酵，超市貨架無疑會變得貧乏不已。

真菌醬料與素肉

　　發酵不是我們利用微生物來製造食物的唯一方法。在幾種少見的情況下，我們吃下肚的就是菌類或微生物本身。在英國，兩個常見的例子都是來自用顯微鏡才看得到的單細胞真菌。第一個相當單純，也是英國特有的產物。馬麥醬（Marmite）是一種又黑又濃的鹹醬，有些英國人喜歡把它抹在吐司上。這種醬往往讓全英國分裂成極喜愛與極厭惡的兩派。它看起來會是那種風味特殊至極的佐料，必須從小吃到大，才可能喜歡。

　　馬麥醬是由十九世紀一位名叫尤斯圖斯‧馮利比希（Justus von Liebig）的德國化學教授所發明。他發現，曾用來發酵啤酒的酵母，可以製成一種濃縮黑醬，雖然它是素食產品，但聞起來和嚐起來都明顯帶有肉味，不過當時這種醬料並未引起注意。直到1902年，馬麥食品萃取公司（Marmite Food Extract Company）在英國特倫特河（Trent）河畔的柏頓（Burton）設廠，開始生產這種醬料。該公司選擇柏頓當作總部，是因為可以使用鄰近的巴斯啤酒廠（Bass Brewery）廢棄的酵母。這項產品之所以叫馬麥醬，是命名自最初裝售的法式陶瓷甕。在馮利比希的時代之後，科學家發現了維生素這種化學物質對生物來說必不可少，而馬麥

醬正好富含這類化學物質，便迅速成為英國國內熱門的平價營養食品。

　　馬麥醬的製作過程簡單到不可思議，因為酵母細胞就負責了大部分的工作。先在釀酒廠的廢棄酵母中混入大量的鹽，再靜置約12個小時。鹽會對酵母產生奇特的作用，導致小小的真菌細胞自毀。鹽也會啟動一連串化學與生化反應，殺死酵母細胞，釋放可消化反應殘渣的酵素。這個過程有點可怕，但最後會出現口感綿密的褐色濃湯。接著，這些濃湯會流過一長串加熱的管子，並進行濃縮。它流入管中時，質地呈現乳脂狀，流出來時則像是糖蜜，又濃又黑。但這種醬料與糖蜜不同，嚐起來非常鹹。

　　全球各地的酵母萃取產品有好幾款。澳洲的維吉麥醬（Vegemite）中添加了芹菜與洋蔥的濃縮物，但基本上還是酵母萃取產物；紐西蘭也有標示為馬麥醬的產品，不過對於行家來說，這款醬料的味道較甜且較不鹹。撇開這些差異，以上全都是由酵母這種單細胞有機體製成的產品。

　　以微生物真菌為基礎所製成的食品當中，最新亮相的是Quorn，這是一種素食且富含蛋白質的食用肉替代品，全球的許多超市都買得到。Quorn素肉是以英國萊斯特（Leicester）北方的小村落命名的，1985年，當地首次進行Quorn素肉的商業生產。但是，早在1960年代，就已經有人開始努力想找到提供蛋白質的新來源了。

過去的預測是到了1980年代，全世界將面臨糧食危機。幸好這件事從未發生，但這個預測確實促使食品科學家開始四處尋找替代方案。1967年，任職於倫敦西方的馬洛（Marlow）附近、雷恩克霍維斯麥克杜格爾研究中心（Rank Hovis McDougall Research Centre）的科學家，在從當地田野蒐集而來的樣本中，發現了一種真菌：Fusarium venenatum，後來證實它是理想的蛋白質來源。這種真菌不僅能夠在大槽中生長，也不同於酵母那又小又圓的滴狀產物，它製造出來的是短小細絲。這些細絲的大小跟單一肌纖維差不多。因此，如果把這些細絲壓製成塊狀，質地就會與肉品神似。

爲了精進這個製程：讓眞菌大量生長，並運用顯微鏡才看得到的纖維來製造美味產品，總共花了18年才成功。如今，Quorn素肉與類似產物都使用於製造各式各樣的無肉產品，從外觀很像雞胸肉的塊狀食品到培根片都有。

　　值得一提的是，全球替代肉品市場在2016年的總值超過40億美元，食用者並非只有素食者。畢竟，如果這些產品看起來像肉，吃起來像肉，質地也與肉相同，恐怕就是素食者最不想吃的食物了。舉例來說，食用Quorn素肉的人當中，大約有九成吃葷，這些人只是想減少自己實際吃下肚的肉類攝取量而已。不過，無論消費者是誰，Quorn素肉依然是一項驚人產品，不同於絕大多數的食品，因爲它跟馬麥醬一樣，都是使用連肉眼都看不到的眞菌所製成的。

5

食物的未來
The Future of Food

未來不會是食物藥丸的天下

　　我向來是一個科學迷，在成長過程中，當然也愛上了科幻文學。我發現，雖然有些科幻作品固定出現的料理元素已經實現了，比方說人造肉（第159頁的Quorn素肉與第167頁的合成肉漢堡），有個概念卻遲遲無法化為現實。「可替代一餐的食物藥丸」成為科幻作家筆下的主食，已經有很長一段時間了。我還記得小時候在卡通節目裡看過這種藥丸，在漢納巴貝拉動畫公司（Hanna-Barbera Productions）製作的《傑森一家》（*The Jetsons*）重播時，我也有看到，還有英國科幻漫畫英雄大膽阿丹（Dan Dare）也特別喜歡吃食物藥丸。但如果想找到首次提及食物藥丸的地方，得再回溯到更久以前。

　　1879年7月，一個名叫艾德華·佩吉·米契爾（Edward Page Mitchell）的記者在如今已停刊的紐約報紙《太陽報》（*The Sun*）上發表了一則短篇故事。故事的標題是〈參議員之女〉（*The Senator's Daughter*），將羅密歐與茱麗葉般的故事情節搬到以未來為背景的舞台之中。但貫穿整個故事的一個社會批評次要情節，則聚焦於壓縮食物錠或食物藥丸，目的是要解決與日俱增的全球人口之糧食供應問題，這在1870年代可是一件大事。故事

中，有一批入侵的軍隊公開譴責吃肉是既揮霍又不道德的事，還有一些激進派把同樣的邏輯套用在蔬菜上。於是，人造食品的需求便應運而生，這種食物直接由主原料製成，特別是元素的碳、氮、氫、氧。

從此之後，食物藥丸就成了標準科幻作品的一個經典橋段。這種藥丸在 1893 年又出現在瑪麗·里斯（Mary Lease）執筆的短篇文章中。這位爭取婦女選舉權的美國人，是為了當年在芝加哥舉辦的世界博覽會而撰文。里斯以不同的眼光來看待食物藥丸，主張在科學的協助下，到了 1993 年，所有人都會吃合成食物，食物藥丸將會讓女性從煮菜的苦差事中解放。

此後，食物藥丸一直都是這類型作品固定會出現的要素，直到 1980 年代左右開始，它不再受到青睞。為什麼呢？雖然我們對人體所需的營養相當了解，但食物本身卻有一些物理上的限制。一名成年女性每日的建議攝取熱量是 8,400 千焦耳（kilojoule，大約等同 2,000 大卡）。在所有食物當中，能夠把最多熱量塞進最小空間的是純脂肪。脂肪的熱量密度至少是糖、蛋白質或複合碳水化合物的兩倍。一個固體脂肪的方塊（為了便於討論，假設是椰子油好了），長、寬、高各 6 公分，就足以提供人一天所需的熱量。想像一下，吃掉一大塊跟魔術方塊差不多大的脂肪，是必需熱量所能塞進的最小體積了。換算下來，一個人差不多必須消化 200 顆超大藥丸，才能得到建議攝取的熱量，這表示早、午、晚三餐要各吃 66 顆藥丸。如果你是男性，每次坐下來吃飯，眼前就

會擺上超過80顆的藥丸。熱量密度的物理或是化學方面的原理，會導致每餐都是滿滿一盤的藥丸，這跟只有一顆壓縮食物錠相比，可是差了十萬八千里。

當然，以上只是考慮到人體所需的總熱量而已。除了可轉換成熱量的食物外，還需要蛋白質，才能轉化為構成人體本身的蛋白質，也需要製造細胞膜的脂肪，還有鐵、鉀、鈉等所有微量營養素及維生素。如果再加上這些，餐盤上的藥丸最終會堆得跟小山一樣高。

就算有辦法把上述的營養素全都裝進藥丸裡，還是少了一樣東西，它不只對人的健康很重要，也對於人體內細菌的健康很重要（詳見第138頁）。飲食中的纖維可促進消化道蠕動。如果你只吃所需的食物，沒有半點不能消化的東西，就不會排便。這意味著大腸完全是空的，你會失去所有來自腸道微生物群的荷爾蒙調控能力（詳見第138頁），更糟的是，腸道內襯會開始瓦解，擾亂免疫系統，也可能會導致血液或內臟出現致命的細菌感染。重點是，想要健康，就必須排便。正因如此，食物藥丸才成為一種科學幻想。人體的消化道就是演化成具有容納食物與廢物的能力。把食物攝取簡化成藥丸，就我們所知，極有可能會對人的生理層面帶來致命的影響。

肉非肉

　　如果想吃下比藥丸更飽足的餐點，卻還是帶有某種程度的科幻色彩，肉食主義者在未來5年左右至少會有令他們感到興奮的選擇。合成肉的最新研發結果，可能會讓人在自家養出火雞，卻不會看到半根羽毛。

　　在實驗室環境中培養肉的想法，早就不是新鮮事了。在1932年出版的一期《大眾機械》（*Popular Mechanics*）雜誌中，一個名叫溫斯頓・邱吉爾（Winston Churchill）的男子在當上英國首相前，曾經寫道：「合成食品在未來當然也會受到採用。」他也說，大家會培養出雞塊，而不是「做出一整隻雞的荒謬行為」。我必須說，邱吉爾以及太多預言科幻情節將成真的人，都對研發的速度太過樂觀了。在那篇雜誌文章中，邱吉爾是在預測1982年的全球情勢，也就是文章刊出的50年後。實際上，直到2003年，第一塊真正的合成肉才被培養出來，然後被吃掉，卻不是只打著科學名義而產生的成果。

　　歐娜特・祖爾（Ionat Zurr）和奧隆・卡茲（Oron Catts）兩位藝術家培養出一塊很小的青蛙肌肉細胞，在法國南特（Nantes）城內的藝術展中，展示了這塊肉並把它吃掉。這塊肉的細胞取自

一隻活青蛙，接著在「生技藝術」（*L'Art Biotech*）展覽期間，被放進藝廊中的培養箱生長。捐贈細胞的青蛙與幾隻同伴，就生活在培養合成肉的箱子旁邊的水族箱中。展覽結束之際，人造蛙肉排以新潮的烹調（nouvelle cuisine）方式料理，大概是因為肉塊很小，所以先把它浸泡過白蘭地，再用大蒜和蜂蜜煎炒。這塊被某人吃掉的劃時代人造肉並不怎麼美味，被形容成像是「膠狀布料」。如果你很好奇活體捐贈細胞的青蛙與其同伴的下場，牠們有了美好的結局，後來被釋放到當地植物園的水池裡。

這項蛙肉排藝術裝置作品沒怎麼引起大眾的興趣，絕大多數是因為這個成品一點也不像真正的肉排，無論它是否來自青蛙都一樣。但是在南特蛙食事件的 10 年後，有人吃下了嚼起來富有肉味的人造漢堡。就在 2013 年 8 月，荷蘭馬斯垂克大學（Maastricht University）的馬克・波斯特（Mark Post）教授，將自己做的合成牛肉公諸於世。在倫敦直播的新聞記者會上，這塊肉經過烹煮並被吃下肚，感想是很接近一般的肉，但沒有那麼多汁，以首次的成果來說相當了不起。可惜的是，單單這個牛肉漢堡的成本就要價 25 萬英鎊（相當於當時的 21.6 萬歐元或 33.1 萬美金）。

打造這個漢堡的過程，始於從牛的肌肉抽取細胞。從科學的角度來說，肌肉天生就具有生長與修復自身的能力。所有肌肉都含有一種肌母細胞（myoblast），當肌肉被拉緊時，這些細胞會因為受到刺激而增生，並融合成新的肌纖維。這就是為什麼上健身房舉重確實會有效果。你的肌肉受到鍛鍊，肌母細胞開始動工，

你就會得到更大的肌肉。

　　波斯特教授和在馬斯垂克的團隊，從活體組織的牛肌肉切片中抽取肌母細胞，再將之放進特製的營養高湯，直到這些細胞生長到數量達數十億。接著，他們做了一件事，才能避免出現「膠狀布料」的問題。研究團隊把肌母細胞放進數公釐寬的小孔中，每個小孔都內含一個更小的中柱。肌母細胞自行環繞著這些中柱，一一排列成肌纖維，並開始自動收縮，每次收縮都很像是在給中柱一個小小擁抱。這種能夠收縮的動作刺激了肌母細胞，使其更進一步形成環狀肌肉組織，直到可以被肉眼所見。接著，這些差不多四百億個肌肉環被切開成細長條狀，成堆放進培養皿，形成漢堡肉。

　　這種漢堡肉的主要問題，正如試吃者所表示的，就是少了脂肪。由於這種合成肉只產自肌母細胞，這些細胞生長的目標就是

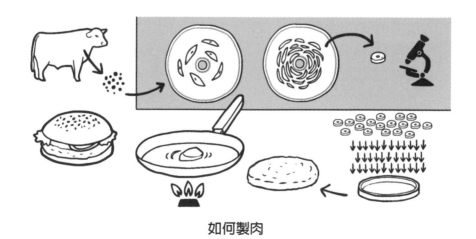

如何製肉

要製造肌肉細胞，因此完全沒有必要的脂肪。如果你去看料理節目和品嚐這種漢堡肉的宣傳片，主廚會一邊煎，一邊用大量奶油澆淋在漢堡肉上，使其變得濕潤多汁，不然它就會變成乾巴巴的牛肉了（詳見第105頁，了解為什麼肉類中的脂肪會讓一切大為不同）。不過，毫無疑問的是，要製造一塊讓人相信是肉的人造肉，完全有可能。

從此以後，人造肉的研發多有進展，波斯特教授現在有了對手。最激動人心的是一間總部位於加州，名字卻有點令人困惑的美國公司：孟菲斯肉品公司（Memphis Meats，譯注：Memphis是埃及的地名，亦是美國其他州的城市名）。該公司最初的突破之舉，是打造了全球首顆在實驗室培養出來的肉丸，它公諸於世時引起媒體競相報導。我不想讓自己聽起來太吹毛求疵，但肉丸不就是形狀不太一樣的漢堡肉而已嗎？撇開這一點，孟菲斯肉品公司的團隊最近又揭露了全球首項合成雞肉與合成鴨肉的產品，仿製的是這兩種禽肉的胸肉口感。在新產品的大型發表會上，他們煮了一道外層酥脆的炸雞，合成鴨肉則以橘子醬香煎。所有試吃者都說料理很美味，外觀當然也很棒。

要從人工培養的動物細胞打造出讓人信以為真的肉品，這個過程所需的技術與科學，如今顯然已經相當完善了。到目前為止，還沒發生的是擴大規模生產，讓這些肉品得以成為符合成本效益的產品。不過，這項挑戰基本上無異於Quorn素肉（詳見第159頁）自1980年代起就碰上的問題，而這種素肉已經成功進行

商業化生產了。大量生產人造肉，需要2,500公升容量的大發酵槽，來製造最初原料的細胞。比較棘手的部分是製造肌纖維的步驟，但波斯特教授和他的荷蘭團隊就快要成功了。最新發表的數據顯示，他們已經將一塊漢堡肉大小的人造牛肉價格壓低到約8歐元（換算成今日的幣值，則等同6.9英鎊或8.6美金）。這個金額距離能夠在市場獲利的目標還太高，但也指日可待了。

人造牛肉或合成雞肉具有莫大益處。一個很大的好處，就是消除了一般人可能會對肉製品生產過程所抱持的動物福祉疑慮。除此之外，人造肉也可以騰出大量的農業用地。我們不再需要放牧，也不必把農地拿來種植家畜的飼料——這對牧牛業來說尤其是個問題。如果把上述兩種產物所需的全部能量都納入考量，人造肉的製程整體而言較為節能高效。

不過，並非一切都如此美好理想。人造肉品還有兩個問題。首先是大眾對這些食品抱持的不確定觀感。「科學怪食」（Frankenfood）這個字詞在1985年首次出現，但直到世紀交替之時，媒體才真正開始大量使用這種說法。我每次看到這個字詞就忍不住抖了一下，因為這種說法顯然暗示著食物可怕且怪異，就像瑪麗・雪萊（Mary Shelley）筆下創造的科學怪人法蘭肯斯坦（Frankenstein）博士那個怪物一樣。我認為，這項技術與合成肉製品所帶來的好處，將有助於改變輿論，讓民眾克服戒慎恐懼的心態。尤其是研究團隊在宣傳人造肉時，繼續在記者會上烹煮看

起來很美味的料理。

　　另一個問題則是更根本的製程問題：要從哪裡找來培養肉品肌肉細胞所需的營養物質？肉品所需的糖、維生素、微量營養素都不成問題：很多植物與酵母都幫得上忙。問題出在蛋白質。正在生長的肌母細胞必須被餵以蛋白質，此領域的研究人員在一開始時，都是採用來自動物的蛋白質。而人造肉的整個重點，就在於要讓這種主要蛋白質來源的製造過程，從在農場飼養動物的需求解套。

足以餵養全世界人口的蛋白質

　　相較於該拿合成肉怎麼辦，蛋白質要從何而來的這個問題重要多了。蛋白質是人體所需的其中一種必需營養素。蛋白質主要用來讓人體得以生長並維持機能，但在緊急狀況下，也可以分解作為能量來源。一旦你開始仔細研究人體對蛋白質的營養需求後，情況就複雜起來了。

　　目前的營養準則表示，一般人每天應該要攝取的蛋白質，大約是每公斤體重對上四分之三克的蛋白質。因此，如果體重是60公斤（一般女性），那就是45克的蛋白質，如果是70公斤（一般男性），就是55克的蛋白質，但事情沒那麼單純。最讓人感到困惑的，是近幾十年來關於蛋白質的知識與說明。例如，好蛋白質和壞蛋白質，或是一級和二級蛋白質的用詞，錯誤地暗示了蛋白質有高低之分。而且，問題在於，蛋白質不是只有一種，而有20種。

　　蛋白質是由名為「胺基酸」的長鏈分子所構成，人體內共有20種不同的胺基酸。人需要的不是飲食中所含的蛋白質，而是其中的胺基酸。在人體吃進蛋白質後，消化系統會將其分解為組成此蛋白質的胺基酸，再加以吸收，並用來打造人體所需的蛋白

質。但人體只需要這20種胺基酸的其中幾種,這些必需胺基酸共有9種。如果你沒有攝取足量的必需胺基酸,就會出現各種營養失調的相關疾病,情況嚴重時還可能導致死亡。只要身體大致都很健康,其他11種胺基酸就屬於非必需或可有可無,因為人體可以從必需胺基酸製造這些可有可無的胺基酸。

一個歷久不衰的營養迷思是,肉類含有所有的必需胺基酸,因此是一種完全蛋白質來源,而植物的蛋白質並非完全蛋白質的來源。現在已經知道,這種觀念大錯特錯。植物性蛋白質來源也是完全蛋白質,含有全部的必需胺基酸。這一點不只適用於豆類、堅果、種子等,向來都被認為是優良蛋白質來源的食物,像是花椰菜、菠菜或萵苣等也同樣符合。確實,這些蔬菜所含的蛋白質不多,卻和牛肉的蛋白質一樣屬於完全蛋白質。

有幾種植物性蛋白質來源的胺基酸含量比較低。舉例來說,玉米含有離胺酸(lysine)這種胺基酸,但含量比一般人實際所需的還要低。更精確來說,甜玉米的蛋白質中,只有2.5%的離胺酸,人類所需的蛋白質則必須有5%是離胺酸。若要彌補不足的部分,有兩種辦法。多吃一大堆甜玉米,增加整體的蛋白質攝取量,讓自己攝取的離胺酸總量達標,或是在吃甜玉米時,配上一些豆類,因為豆類富含離胺酸,可以補充甜玉米不足之處。這正是傳統中南美料理的烹調原則,當地的主食是豆類配上玉米,很少看到只有單純豆類或玉米的料理。

既然現在已經澄清了一些關於蛋白質營養的細微差別,這怎

麼有助於解決人類要從哪裡得到蛋白質的問題？你可能覺得這連問題都稱不上，畢竟，已開發國家的飲食習慣通常都吃進了超出健康含量的蛋白質，但這個問題得從全球角度來研究。世界人口目前約75億，據估計，其中有20億的人，也就是略高於四分之一的人口都受到某種營養失調的症狀所苦。到了2040年，全球人口預計會突破90億大關。眾所擔心的是，人類生產食物的能力已經達到極限了，隨著人口增加，還會有更高比例的人患有營養失調的症狀。這無疑是一個錯綜複雜的問題，但部分在於人要從哪裡獲得蛋白質，因為要從澱粉得到大量熱量，通常不會有太大的問題。

　　研究諸如土地或資源使用的情況，可以估量不同蛋白質生產系統的效率。要養出用來製作牛肉漢堡的牛隻，需要用到多少農地？與豬肉、羊肉、雞肉相比會差多少，或者和大豆比較呢？大豆顯然無法做出牛肉漢堡，但可以比較的是兩者生產的可食用蛋白質含量。比較的結果對肉類選項來說不怎麼好。要生產一公斤的蛋白質，牛隻所需的農地約是大豆的70倍之多。豬和雞的差異比較小，但比起高蛋白質蔬菜來源所需的農地，還是落在高出二十幾倍的範圍內。

　　除此之外，種植蔬菜只需要少量的水，也比較不會排放溫室氣體。關於溫室氣體，在飼養牛和羊方面特別難解決，因為牠們的消化系統所產生的大量氣體，會不斷經由打嗝釋出。牠們確實會放屁，但產生的氣體有九成都出自於嘴巴。在英國，光是牛隻

就貢獻了總溫室氣體排放量的3%。更糟的是，排放出來的這些氣體是甲烷，比起二氧化碳這種最常見的溫室氣體，甲烷困住太陽熱能的能力至少高了20倍。

這是否意味著，如果想讓全世界有足夠的蛋白質可以吃，大家應該別再吃肉了嗎？種植植物性蛋白質來源的效率確實高出許多，但還必須確保所攝取的胺基酸種類達成平衡。就農地使用量來說，如果是人工培養肉品和微生物真菌（詳見第158頁），目前所能得到的計算結果，將會與種植蔬菜蛋白質來源打平。合成肉所需的能量依然比較高，但這項技術才剛起步，而且如果從能量的觀點來看，也比養一整隻動物好多了。合成肉先驅專家碰上的最新挑戰，是要研發出能夠讓肌肉細胞生長的植物性蛋白質營養液。雖然要找到高效率的作法，是一項充滿挑戰的任務，理論上卻沒有困難，只是需要下一番苦工才能打造出一套完全工業化且能擴大生產的系統。

另一種可能的解決辦法，就是轉向非傳統食物來源，至少從西方飲食習慣的角度來看是如此。最顯而易見的一種方法就是吃昆蟲，例如麵包蟲、毛蟲、甲蟲、蟋蟀等。但這項提議馬上就會碰壁。當我建議你吃毛蟲時，你的反應八成是作嘔。這完全在預料之內，因為西方文化有所謂「噁心因素」（yuck factor）的專業用語。2013年，聯合國糧農組織（Food and Agriculture Organization）為一般民眾撰寫了一份關於食蟲（entomophagy）

或吃昆蟲的報告，內容非常詳盡，長篇大論且相當無聊。這份報告找出了要讓人吞下昆蟲時會遇到的幾個主要問題，噁心因素便是主因。

從文化角度來看，西方人從小就養成不吃昆蟲的觀念，將昆蟲視為骯髒、污穢又不適合的食物來源，但這毫無邏輯可言。畢竟，明蝦、螃蟹、龍蝦都被當作佳餚，是全球頂級餐廳都會供應的料理，也全是與昆蟲親緣很近的甲殼類。除此之外，全世界大約有四分之一的人口早就經常在吃昆蟲了，只不過這些人都不屬於西式料理傳統派的一員。諷刺的是，許多世界各地的食蟲文化正在拋棄這項習俗，因為他們想要仿效已開發國家更富裕、更令人嚮往的飲食習慣。

昆蟲有一項優點跟合成肉很像，就是不需要太多資源就能培養。以生產每公斤蛋白質來計算的話，養殖昆蟲所需的空間少得多。昆蟲所需的水和熱量也較少，釋放的溫室氣體也最少。針對昆蟲，確實有過敏和對野生昆蟲種類造成影響等少數擔憂，但整體而言，將昆蟲當作蛋白質來源的前景看好。

那要如何說服一個人咬下多汁的毛蟲呢？簡單的答案是不用說服，至少不要一開始就提供毛蟲。欲讓大家了解昆蟲的美味，將會是一段漸進式的過程。早期階段的其中一步，將是在食物中加入昆蟲，增添動物食品的蛋白質含量。這很容易就能做到，也能讓大家習慣將食物鏈中的昆蟲直接吃進嘴裡的概念。下一步顯然就是將磨成粉的昆蟲當作原料引入。這些粉末可以當作高蛋白

增量劑，添加到加工食品裡。

如果你想徹底發揮科學宅文化的精神，我曾看過用麵包蟲粉做成的3D列印點心食物。基本上，這種點心就只是把磨成粉的乾麵包蟲製成糊狀，調味一下，再用噴嘴做出自己想要的形狀，只要成品是平的就行了。所製出的白色濕黏物體在經過風乾後，就會得到一塊酥脆的點心，其極富營養的蛋白質含量將高達五成。這無疑是一種噱頭，但加入3D列印的新穎體驗，一般人更有可能願意嘗試看看。

一旦磨碎的昆蟲粉登上了可接受原料的清單，那麼酥烤蟋蟀佐蒜香萊姆，或是插在竹籤上的炸蠶蛹出現在食品專賣店，就只是遲早的問題了。

如果你不想食蟲，那可以吃吃看微藻（microalgae）。正如其名所示，這些是非常小的藻類，跟海藻是一樣的東西。令人困惑的是，微藻也能用來指稱藍綠藻（cyanobacteria，又稱爲藍綠菌），但後者根本不是藻類，兩者截然不同。撇開這個誤解，我們現在在談的是顯微鏡才看得到的單細胞綠色有機體，它在水中繁衍，獲得能量的方式與植物一樣，也就是藉由光合作用產生。微藻與用來製造Quorn素肉（詳見第159頁）的有機體非常相似，但不同於Quorn素肉所用的微生物眞菌，微藻只需要陽光、水和幾種必需礦物質，就能生長。

目前，最常被拿來當作食物的微藻是螺旋藻（spirulina），它

會長成漂亮卻微小的螺旋形狀，上面布滿著綠色斑點。儘管這對西方飲食來說是一種令人興奮的嶄新食品，但人類從很早以前就在吃了。顯然，阿茲特克人會從特斯科科湖（Lake Texcoco）中撈出螺旋藻，將之曬乾成塊狀。傳統上，中非人也會從查德湖（Lake Chad）採收螺旋藻，用來製作迪耶湯（dihé），就是這道料理讓微藻打入了西方飲食。

今日，螺旋藻是以暗綠色粉末的形式販售，蛋白質含量高達驚人的六成，超過其他富含蛋白質的蔬菜，例如大豆（乾重時的蛋白質含量為56%）。遺憾的是，就連最大力推崇的人都會承認，螺旋藻粉的味道很噁心。請想像一下味道濃烈至極的羽衣甘

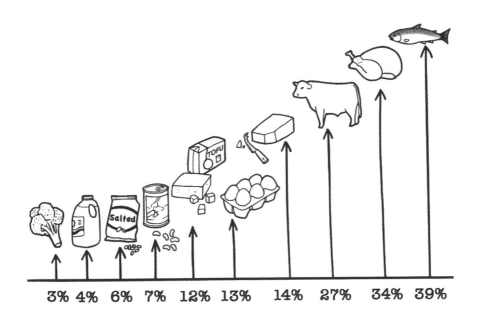

3%　4%　6%　7%　12%　13%　14%　27%　34%　39%

藍，加以濃縮後，再多加一點苦味以及少許發臭的海藻味。正如我所說，這種風味真令人感到遺憾，因此螺旋藻目前只被當作食品添加物，摻入果昔之類的食物裡。此外，它也會讓糞便變成綠色。儘管螺旋藻有上述的缺點，依然是相當優良的蛋白質來源，可以在占地極小的土地上大量生產，未來極具潛力。

如果我們想用足夠的蛋白質來餵養日益增加的世界人口，就必須讓飲食習慣脫離只仰賴肉類做為必需胺基酸主要來源的作法。除此之外，大家吃的蛋白質都過多，攝取量也是每年都在上升。2014年，美國成人平均的肉類攝取量是每年90公斤。換算下來，就是每人每天吃了247公克的肉。要知道的是，肉類有四分之一左右是純蛋白質，因此，一般美國人會從每天攝取的肉類中得到62公克的蛋白質。再加上來自乳製品、穀類、蔬菜、營養補充品的蛋白質，結果會比每日建議攝取量的兩倍還要多。

如此來看，蛋白質這個難題的解決辦法分為兩部分：吃得更少，以及嘗試幾種替代選項。不過，身為一個不怎麼愛甘藍菜口味的人，我個人不推薦螺旋藻粉。

堅果與過敏反應

　　要大費周章打造可以餵養全世界的新蛋白質來源，同時也必須確保目前已經可以取得的蛋白質能夠讓所有人食用，是相當合理的舉動。但對有些人來說，問題不光是蛋白質攝取了多少以及來源為何而已；對這些人來說，食物的世界還要更錯綜複雜，處處充滿了危險。如果你對花生等食物有重度過敏反應，就得非常留意自己所吃的東西。就算只有微量的花生，也可能引發非常嚴重的過敏反應。食品的未來發展有辦法克服這些過敏問題嗎？

　　對許多人來說，過敏症狀每天都會發生，尤其是在空氣中飄散著花粉的春夏期間。我就深受花粉症（hay fever，又稱乾草熱）所苦，症狀會在春末的五月開始出現，一直持續到夏天，通常要到八月才會消失。花粉症最嚴重時，會讓我感到不舒服，還會讓我的心情有點糟，但只要我記得每天早上吃那一小錠花粉症的藥，相關症狀就能完全得到控制。重點是，我的花粉症就算在最糟的時候也只會帶來不便，因為我的過敏症狀不會引起急性過敏（anaphylaxis），這是一種非常重度的過敏反應。

　　為什麼有些人會變得對某些東西過敏，其他人卻不會，其中原因尚未完全了解。部分問題出在過敏反應背後的生物機制，全

都和人類複雜到極點的免疫系統有關。基本上,一般人對某個東西出現過敏反應時,就是自身的免疫系統搞錯什麼了。人類為了保護身體不受所有潛在的病原菌、病毒、侵入性真菌感染,演化出一套非常巧妙、非常高效、非常複雜的免疫系統。

這套系統能力驚人:可以偵測、隔離及摧毀所有不應該屬於人體一部分的東西。最驚人的其中一點,就是免疫系統具有記憶。舉例來說,免疫系統一旦接觸且對付過某種病毒,就會記起來,以後如果再碰上一樣的病毒,就會在病毒站穩腳步、使人生病之前先把它解決掉。這就是疫苗之所以有效的基本原理,我們也才能把可怕的疾病從世上消滅殆盡。但就像任何一種複雜的系統,免疫系統無可避免地也會有弱點和漏洞。

就過敏而言,當你還小的時候,免疫系統會接觸到某種常見的無害物質。然而,免疫系統沒有忽略這個無關緊要的物質,反而火力全開,判定自己剛發現了一種可怕的入侵病原體。於是,免疫系統的反應是把所有資源都拿來解決它,結果就是你身上會出現一些連帶症狀,像是皮膚癢、眼睛腫起來等。接著,你的免疫系統會仔細記住這種物質的模樣,當你再次接觸到這種物質時,同樣的過敏反應就會重新上演。所以,就我的情況來說,我一定是在嬰兒時期就吸進草屑,而我的免疫系統決定不要像最明智的免疫系統一樣忽略它不管,反倒是讓我從此一輩子只要走近乾草地就會打噴嚏,還對此抱怨個不停。我們還不太了解讓有些

人出現過敏反應的機制，但肯定與遺傳脫離不了關係。這一點不無道理，因為誰都知道每個人所擁有的獨特免疫系統都是部分遺傳自父母的其中一方。此外，似乎只有某些東西能夠引發過敏，雖然不清楚原因為何，但花生特別容易讓人出現過敏反應。

花生過敏之所以更糟，是因為其產生的反應可能比我的輕微花粉症要來得嚴重。這種反應極為嚴重的過敏被稱為「急性過敏」，可能會致命。對花生重度過敏的人，就算只吃到一點點花生，不用幾分鐘，甚至不用幾秒，就會覺得喉嚨開始腫了起來，再加上呼吸道也會收縮，會讓人變得呼吸困難。更糟的還在後頭，所有血管會突然擴張，血壓於是驟降。同時，也會出現一些身體不適的反應，像是嘔吐和腹瀉。但真正的問題在於很難呼吸，無法讓大腦和肌肉獲得足夠的氧氣。除此之外，低血壓也會導致心臟衰竭，這就是為什麼有人會死於急性過敏。

像這樣嚴重的過敏反應，必須立刻進行治療，通常是注射腎上腺素（adrenaline），或者用正式名稱來說就是epinephrine。腎上腺素可以讓血管收縮得非常快速，將血壓值推出危險範圍。那些知道自己可能會出現類似嚴重反應的人，通常會隨身攜帶一種自動注射腎上腺素的工具，品名為艾筆腎上腺素注射筆（EpiPen）。這種腎上腺素注射筆的用法非常簡單。只要握好注射筆，打開蓋子，用暴露在外的筆頭猛力戳進病患的大腿外側，就能自動注射救人一命的藥物了。不過，建議每次注射完後，一定要去一趟醫院急診室。

眞正的問題是，包括會對花生起反應的人在內，爲食物過敏所苦的人數似乎正在攀升。起碼一般共識是如此。要統計究竟有多少人眞的有過敏症狀，非常困難，因爲過去十年來，大眾對於食物過敏的意識大幅增強了，會主動避免吃下該類食物，此外，大多數情況都是自我診斷的結果，大家還常把食物不耐症（food intolerance）誤認爲是過敏，但這兩者是反應過程不同的兩回事。不過，一定的結構資料向來都蒐集得到。1990年到2004年這四年間，英國因急性過敏（舉凡蜂螫到花生的任何起因）而住院的人數，從每一百萬人口中有5人攀升到36人。同一段時間內，由於較不嚴重但明確與食物有關的過敏而入院的人數，則上升了五倍，如果只看住院的小孩，則多了七倍。顯然事有蹊蹺。

　　這有可能與食物的料理方式有關。花生在許多國家都是一種主食，例如美國、澳洲、英國、中國，但花生過敏在中國卻沒有那麼普遍。最大的差別看起來可能是花生的烹煮方式。在中國，花生通常會燙過和壓碎或是炸過，反觀出現很多花生過敏案例的所有國家，幾乎總是用烤的。烘烤的處理方式，很可能對花生中會引起過敏反應的化學物質造成了某種影響。

　　小孩如何及何時接觸到花生，可能也有關係。來自英國布里斯托大學（University of Bristol）團隊的一項研究發現，出現花生過敏的情形，與含有花生油和微量花生蛋白質的護膚乳液之間具有關聯性。但這只是單一的一份研究，目前主要的解釋是名爲衛生假說（hygiene hypothesis）的理論。這個假說主張，過敏案例

之所以增加，是因為童年時期的感染次數變少了。目前有大量人口資料可以佐證，而我指的是患有多種食物過敏症的人，往往童年時生病次數和腸道寄生蟲都比較少。不過，有關聯不等於有因果關係。雖然這個理論確實表示，人類免疫系統那極其複雜的運作方式，暗藏著一種潛在因果機制，卻少了任何決定性的實驗證明結果。

　　我們究竟該如何對付愈來愈盛行的食物過敏，無論是輕度還是重度？對於比例日漸增長的部分人口來說，當某些產量最多的植物性蛋白質來源（像是大豆和花生）變成致命過敏原時，我們要怎麼餵養全世界的人？目前正在研究的解決辦法有兩種。第一種是免疫療法（immunotherapy），基本上就是適用於免疫系統的厭惡療法（aversion therapy）。這種療法的概念就是讓身體逐步接觸過敏物質，隨著時間慢慢增加該物質的量。這麼做是希望免疫系統能夠重新設定，不去理會那些會讓人過敏的東西。

　　免疫療法對某些人來說有用，但可能是一種危險的療法，尤其是我們不太確定這種方法究竟是如何或為何會奏效。1996年的免疫療法試驗發生了一起悲劇，一名對花生過敏的病患被誤注射了高劑量，真的不出幾秒就死亡了，當時針頭還插在該名病患的身上。

　　另一種更有希望的方法，可能是去除花生中會讓人過敏的成分。剛成立沒多久的艾拉奈克斯生技（Aranex Biotech）新創公

司，總部位於英國華威大學（University of Warwick），正在研究花生這種植物，想運用最新的基因工程工具，關閉花生中會製造過敏蛋白質的專屬基因。到目前為止一切順利，但所有那些蛋白質都是花生用來當作種子食物儲藏系統的一部分。目前還不知道當這種植物少了這些必需蛋白質之後，會變得如何。研究人員希望其他不會引起過敏的儲藏蛋白質會增加，以作為補償。如果成功的話，結果將得到完全無過敏原的花生，任誰都能安全食用。不只如此，讓小孩接觸到這種花生時，一開始就能避免他們產生過敏症狀。根據幾家感興趣的公司表示，這些花生可能最先出現在巧克力條裡。畢竟，巧克力和花生是天作之合，任誰都應該要嚐嚐看，無論會不會對此過敏。

激發植物的生長潛能

倘若追根究柢，所有的食物都是來自一種化學反應：光合作用（photosynthesis）。我們食用的蔬菜很明顯就是光合作用的產物，但任何動物製品也是。你喝的牛奶、吃的蛋或豬肉，全都來自吃植物性飼料長大的動物。如果以此推論，最終得出的結論就會是，你我和幾乎整顆星球上的每一丁點有機物質，源頭都可以回溯至光合作用。因此，說光合作用是相當重要的反應，可不只是輕描淡寫而已。

假如可以把光合作用這個所有有機物以及食物的源頭，改良得比現在更好呢？光合作用效率更高的話，作物產量就會增加，同一塊地所產的玉米也能餵養更多人。你可能認為這根本毫無希望——畢竟，植物演化差不多有6億年了。光合作用本身首次在生命史亮相時，甚至比這個時間點更早，遠早於陸生植物的誕生，大約出現在35億年前。但是，難就難在：演化的重點不在於達到最高效率，而是適者生存，所謂的適者卻未必代表最高效率。

光合作用的完整化學途徑既複雜費解，又令人望之生畏。但你只需要了解此反應的核心部分，就能看出改善效率的可能

性了。光合作用的基本過程，始於植物利用葉綠素，捕捉陽光的能量。接著，這股能量會用來製造植物體內的一種化合物，基本上就是一條碳鏈，其中的五個碳原子分別接上一點別的東西。這個五碳分子的名稱非常拗口，就叫「核酮糖雙磷酸」（ribulose bisphosphate），以下用縮寫詞RuBP來簡稱。下一步也至關重要，就是把二氧化碳加進RuBP，結果就會得到一個六碳分子，它會被分解成兩個一模一樣的三碳分子。其中一個分子會循環變回RuBP，另一個則是為植物製造糖。植物再利用這些糖，製造其他分子，持續生長，長出葉片、果實或種子。然後，我們會採收植物，再將之吃下肚。上述整個過程的關鍵步驟，就是把二氧化碳加進RuBP，這之所以能發生，都要歸功於可促使反應進行的一種蛋白質，它是一種酵素：核酮糖雙磷酸羧化酶－加氧酶（ribulose bisphosphate carboxylase-oxygenase），以下用縮寫詞RuBisCO來簡稱。

　　這時，光合作用的嚴重問題就出現了：RuBisCO這種酵素爛透了。人體處處充滿了酵素，幾乎所有人體或植物身上的蛋白質都是某種酵素，每種酵素都是特定化學反應的特定幫手。多數酵素每秒會反覆參與其專屬的化學反應一千次左右，但RuBisCO每秒只能進行數次反應。部分原因是RuBisCO處理的是氣體二氧化碳，但主要還是因為RuBisCO就是不太能做好自己的工作。如果可以想辦法微調RuBisCO，使其工作更有效率，那麼光合作用便能進行得更順利，產生更多的糖，植物也會長得更快，而且你

猜中了，結果就會大豐收。嗯，確實有人試過了，不過到目前為止，這些努力卻只會讓 RuBisCO 的反應變得更慢，但這沒有阻止科學家在這個領域繼續再接再厲。

為了解決這個問題，最新也最有可能成功的嘗試，採取了不同的作法。RuBisCO 之所以反應很慢，其中一個原因就是它很難抓住 RuBP，也就是二氧化碳要接上去的那個五碳分子。只要提高製造這個前驅分子的酵素量，就能製造更多 RuBP，光合作用也能進行得更快。英國研究人員為了達到這個目標，利用基因工程改造小麥，結果至少在溫室的環境下，小麥產量增加了兩成。這聽起來可能不算多，但已經是很大的進步了。這表示，如果以前要種六塊小麥田，現在只需要五塊田就能得到一樣多的小麥產量。這項作物目前正在進行田間試驗，成功的話，將會是第一種專門為了直接提高產量而改造的作物。

RuBisCO 還有另一個問題，但在這一點也有一絲希望。大約35億年前，RuBisCO 在演化時，地球的大氣層充滿了二氧化碳，卻沒有半點氧氣。這對光合作用來說不成問題，因為這種反應不需要氧氣。然而，光合作用的過程確實會製造出無用的副產物：氧氣。經過數十億年來，所有以光合作用產物為食的微小單細胞生物，開始提高了大氣層中的氧氣含量。事實上，大氣層中的所有氧氣都是來自光合作用。光合作用就是在這時候碰上了阻礙。原來，RuBisCO 只是演化胡亂創造出來的結果，這種酵素不只擅長將二氧化碳加在 RuBP 上，也能利用氧氣這麼做。事實上，

RuBisCO的全名「核酮糖雙磷酸羧化酶－加氧酶」就已經說明了一切：羧化酶（carboxylase）的部分，表示可以將二氧化碳加到RuBP，加氧酶（oxygenase）則意味著可以加上氧氣。當氧氣加上RuBP時，光合作用的化學途徑就會亂成一團。結果不會得到兩個一模一樣的三碳分子，而是一個三碳分子和一個無用的二碳分子。這一切都會讓效率驟降。

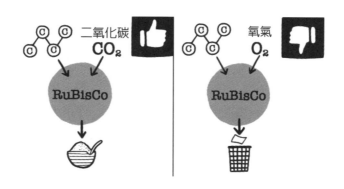

不過，事情還沒結束。此時此刻，植物科學界最激動人心的一條途徑，就是演化帶來了一種解決之道，植物科學家目前認為這種方法已經獨自出現過61次了。為了要讓RuBisCO聚焦在二氧化碳，不去理會氧氣，首先要把RuBisCO藏在細胞裡，周圍環繞著一圈由其他細胞形成的保護層，藉此將腳踏兩條船的RuBisCO與大氣層隔離開來。如此一來，就不必擔心RuBisCO會接觸到氧氣，但這樣它也碰不到二氧化碳了。因此，第二步就是建立一套運輸系統，利用四碳分子，將二氧化碳送進那圈細胞保

護層中。這麼一來，RuBisCO將被大量二氧化碳包圍，而且沒有氧氣。

採用這套系統的植物被稱為「四碳植物」（C4 plant），命名取自負責運輸的四碳分子，這種系統最常見於禾本科植物。玉米和甘蔗這幾種產量占最大宗的農作物都是四碳植物，並非巧合。這麼做似乎很耗工，但是RuBisCO效率的提高，彌補了運輸二氧化碳所消耗的額外能量。

衡量光合作用的效率很困難，但一般認為四碳植物的甘蔗，相較於光合作用沒有經過特殊改造的類似植物，效率高了兩到三倍。那麼，四碳植物為什麼沒有稱霸天下，勝過一般植物呢？這樣把二氧化碳運來運去的多餘舉動，其中一個副作用就是需要更強烈的陽光，不過四碳植物也更善於應付乾燥環境。演化出四碳光合作用的植物，往往出現在較熱和較乾燥的氣候環境，這些地方的陽光都較為強烈。

四碳光合作用正是RuBisCO的最後一絲希望，也是最新植物科學得以大展身手的地方。利用基因工程改造尚無四碳光合作用的植物，照理說應該辦得到。這是目前植物科學的終極目標，因為如果能夠成功改造稻米等作物，每塊田地的產量都將大幅提升。問題是，必須要改變的不只是植物的生化特性，也必須改變一些基本結構才行。在能做到這一點之前，必須先了解這些結構是如何由植物的基因所產生與編碼，這件事本身就是一項艱鉅的挑戰。

我在老早之前就受訓成爲植物科學家、看法可能略帶偏見，我認爲這是現今科學所碰上最令人興奮也影響最深遠的問題之一，而這也是我們能在未來五十年餵飽全球人口的最好機會了。

葉綠素與植物產量的關係

　　操弄植物體內的生化特性，可能不是種出更多食物的唯一方法。了解植物如何演化也會有所幫助。由於天擇的結果，出現了善於在自己一方天地中競爭空間、水、陽光等資源的植物。競爭力有一部分源自能夠快速生長，這種能力需要一套高效的光合作用系統，但這並不是植物可以趕走其他植物並接管地盤的唯一方法。

　　植物科學家開始一一分析光合作用的運作過程後，才發覺許多植物的葉片都含有太多捕捉陽光的葉綠素了。複習一下，當陽光照射到植物時，葉綠素會捕捉其中的能量，再供RuBisCO酵素製造糖的過程所用（詳見第188頁）。具體來說，陽光中的一個光子會被葉綠素中的一個分子吸收，這個分子會因此吐出一個高能量電子。接著，這個電子會在一長串蛋白質之間傳遞，最終用來製造一種特殊的能量運輸分子。正是上述的可運輸能量（電子），促使了RuBisCO進行該有的反應。

　　如果有太多陽光撒落在葉片上，就會出現問題。葉綠素會開始吐出大量過於活躍的電子，最終產生數量多於光合作用系統其餘部分能夠應付的電子。這些太過活躍的電子會開始到葉片的

其他地方搞破壞。這種情況經常發生在植物身上，因為光線亮度極易改變，但植物在陰天還是需要可高效運作的光合作用機制才行。因此，當葉綠素在晴天運作過頭時，被稱為「非光化學淬滅」（non-photochemical quenching）的機制就會開始發揮作用。這個機制會把多餘的電子清除乾淨，轉換成熱。這顯然浪費了捕捉到的能量，但總比過度活躍的電子因不受控制而造成破壞要來得好。但這麼做也會帶來負面影響，就是會消耗植物的能量，因為植物必須把資源改用在淬滅機制上。

如此來看，演化產生了一種巧妙機制，保護植物不受過多的強烈光線所害。萬歲，演化幫植物化險為夷了！但演化也是一開始導致葉綠素過度生產的原因。如果植物可以用葉片完全擋住所有光線，有用的光線就不會照到下方的地面，這表示任何低於該植物的較矮小植物都無法存活。植物生長的世界就跟大家在電視紀錄片中看到的，在塞倫蓋提（Serengeti）平原上演的動物王國一樣險惡殘酷。如果可以比其他植物略占上風，就真的可以如字面般在太陽底下保住自己的地盤。植物已經演化成會製造出比自己所需要更多的葉綠素，就連在陰天時也如此，因為這樣才能對較矮小的植物使出卑鄙手段，使其枯萎逝去。萬歲，演化的力量把大型植物變成了專殺小型植物的機器了！

1980年代時，植物科學家採用了幾種暴力破解法的方式，種出大量隨機突變的作物，例如大豆。如此產生的每株作物都帶有不同的突變，大多數長得跟未突變的作物一樣，通常較不健康且

缺乏生氣盎然的模樣。不過，偶爾也會產生在某些方面比較強健的作物，從其他作物中脫穎而出。科學家會把那些作物單獨拿出來研究，分析其遺傳基因與生化特性，找出不同之處。

有些情況下，人工製造的突變大豆擁有較少的葉綠素，反而更多產，作物產量更高。重點在於，在農田中生長的大豆不必和一大堆其他雜草競爭，因此不需要成為專殺小型植物的機器。運用現代農業技術，加上審慎噴灑特定的除草劑，作物便能自由地把全部的能量都運用在生長上，長出供人食用的大豆。葉綠素含量只有一半的突變大豆，與葉綠素含量正常的大豆植物相比，產量多了將近三分之一。突變的結果讓植物產生的額外活躍電子數量較少，因此不必把能量全耗在淬滅機制上。這可能看似違反直覺，卻可能適用於多種常見的農作物上。如果我們可以把植物的綠色調低一些，也許最終將獲得更多收成，有更多食物可以吃。

冰箱的酷冷新科技

　　關於食物的未來發展，不只是拿植物東修西改和製造假裝是肉的食品而已，與食物相關的科技也是值得關切的有趣領域。我在本書稍早之前，大膽聲稱食物最重要的科學與科技進步之一，就是製冷系統的發展，以及這套系統在住家、店家、運輸網絡方面的應用（詳見第52頁）。

　　但這項革命性科技在未來會如何發展呢？畢竟，大家一直以來使用的製冷系統，基本上自1805年來就沒什麼改變。這套系統確實經過幾次小更動，例如改採用壓縮氣體來冷卻，冰箱裝載的馬達也隨著時代而有所不同，以及使用較無污染的新型氣體，但其核心的科學原理依然沒變。假如以下兩種完全新穎的技術之一，或是兩者皆可打破只供專業級使用的限制，成為主流冷卻裝置，以往一成不變的情況可能將有所改變。

　　1881年，德國黑森林佛萊堡大學（University of Freiburg）的科學家艾米爾・瓦堡（Emil Warburg）觀察到一個奇妙現象。當某些金屬物質被放入磁場時，會瞬間突然加熱。同樣地，當把這些金屬移離磁鐵時，則會短暫冷卻一下。如果不是用永久磁鐵，而是採用電磁鐵，就可以只靠開關電磁鐵，產生這種冷卻和加熱

的效果。

但是，瓦堡觀察到的磁冷卻（magnetic cooling）或是磁卡路里效應（magnetocaloric effect），多半只被當成一種奇特現象。整整40年來，這種現象未受到重視，不為物理學教科書所青睞，直到專門研究極低溫的人發現了如何利用這種效應，一步步逼近絕對零度的終極低溫（-273.15℃）。再加上來自實驗物理學家的關注，「磁冷卻」成了一種可行卻屬於小眾市場的技術。從此之後，這項原理慢慢走出實驗室，應用在工業上。

2016年，總部位於斯特拉斯堡（Strasbourg）的法國公司酷冷科技（Cooltech），推出了首項專為店家與大型工業使用而打造的磁製冷系統。比起傳統用壓縮氣體的製冷方式，該公司的系統具有幾項莫大優勢。第一個也大概是最重要的是，磁製冷系統使用較少的能量，就能產生同等的冷卻效果。此外，這套系統也比較沒有噪音，而且由於不含壓縮氣體，不會有意外洩漏的風險。這是好事，雖然大家都已經不再使用曾破壞臭氧層的氟氯烷（Freon）冷媒，但目前英國最常使用的冷媒氣體「異丁烷」（isobutane）也是一種溫室氣體，破壞力約為二氧化碳的三倍。

酷冷科技公司的系統，靠的是管線中的水循環，來冷卻冰箱內部。實際的冷卻過程則是透過一套精巧的雙旋轉磁鐵系統。這項科技的關鍵，在於採用了稀土金屬元素釓（gadolinium），可產生格外強大的磁冷卻效果。旋轉的磁鐵會不停地冷卻釓，釓則浸在流動的水中。於是，釓會把水冷卻，這些水再被輸送至管線

中，讓冰箱內維持低溫。

酷冷科技公司聲稱，其磁冷卻系統所消耗的能源只有傳統製冷系統的一半。考慮到全球生產的總能源約有五分之一都用在冷卻系統上，這套系統能省下非常可觀的能源。如果再加上對於冷卻的需求（主要是空調方面）預計將在未來數十年大幅上升，是否可以節能更形重要。到了2030年，歐盟在冷卻方面的總能源支出預計將增加七成以上。這套系統顯然是前景看好的新科技，現階段當然造價不菲，但成本隨著時間過去會下降，到時候便能成為人人都買得起的家用產品了。

如果你不想用磁鐵來冷卻自己和食物的話，那麼總部位於威爾斯的「必定冷」（Sure Chill）公司，有一個同樣巧妙卻較低科技的解決之道。我在拍攝某部電視節目的期間，有幸與發明者伊恩・坦斯利（Ian Tansley）會面並共事。我在很久之前就認識伊恩了，當時是在拍攝另一個節目，關於要怎麼在日常生活中做到對環境無害的解決辦法。那時候，他駕著自己那輛回收再利用的車，車子所用的是油炸品專賣店的廢油，來到拍攝現場。他的車子散發出一股明顯的香氣，讓我一整天都很想吃炸魚薯條。

2008年時，伊恩跟幾名友人漫步在威爾斯山間，開始思考製冷這件事。經過一座結凍的湖時，他努力想跟朋友解釋為什麼只有湖水的表面會結冰，就在這時候，他靈光一閃。據說是如此，但我猜想他也付出了不少的努力。

伊恩所發明的產物，關鍵在於水的奇特性質。事實上，由於水有這樣古怪的特性，如果拿水來解釋液體該有什麼特性，會是非常糟糕的例子，這很諷刺，因為水毫無疑問是一般人在日常生活中最常碰到的液體。因此，沒有人會覺得固態冰浮在液態水上方很怪異。

　　一般來說，符合常規的物質會隨著溫度下降，密度變大。換個說法的話，物質變冷就會收縮，意即質量相同的東西會被塞進更小的空間。所以，舉例來說，想像滿滿一杯液態汞所含有的全部原子：汞冷卻時，原子互相碰撞的情形會減少，彼此之間更為緊密，占據杯中較少的空間。汞在-39℃凝固時，原子之間會變得更緊密，體積甚至減少更多，代表著密度大幅提高。固態水銀不會浮到液態水銀上，而是會沉到杯底。這就是大多數符合常規物質都會有的現象。事實上，不會出現上述情形的物質極為罕見，只見於少數幾種物質。水剛好就是其中之一。

　　水在冷卻時，密度確實會逐漸變得愈來愈大，但到達4℃時，水就會開始變得很奇怪。水很容易形成所謂的氫鍵（hydrogen bond）。要形成氫鍵，需要兩樣東西：略帶正電荷的氫原子，以及略帶負電荷的另一個原子，通常是氧原子。只要拿某個連接著一個氧原子的氫原子，就能得到這兩樣東西了。氧原子會把氫原子上的電子稍微拉離氫原子。這會讓氫原子略帶正電荷，氧原子略帶負電荷。因為水是由兩個氫原子黏在單一的一個氧原子上所構成，具有產生氫鍵的理想條件。只不過氫鍵很弱。

在溫水中，水分子會快速移動，能量多到不屑產生微弱的氫鍵。直到水溫來到神奇的4℃。在這個溫度下，水分子中的能量低到氫鍵得以開始形成。出現這種情形時，水分子會開始排列得比較整齊，但依然屬於流體的結構，如此一來，分子之間會多出一點空隙。由於分子之間多了一點距離，排列得沒那麼緊密，密度就會開始變小。因此，水冷卻到4℃以下時，密度會變小，體積會變大。當水凝固成冰時，氫鍵就會接管一切，水（現在是冰了）的密度則會驟降。水凝固後，體積會膨脹將近一成。這就解釋了為什麼水管在冬天會破裂，還有冰為什麼那麼怪異，會漂浮在水面上。

　　這對於製造冰箱有什麼幫助呢？伊恩·坦斯利針對這方面更深入研究後，發覺其中的科學原理拿來製冷再適合不過了。他在威爾斯山間碰上的結凍湖水水溫，或是任何一座湖的水，一定都是4℃，除了冰附近的水以外。湖水不會有所謂的溫度梯度（temperature gradient），從上到下都會是4℃。這些水只要有一部

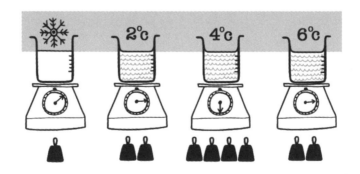

分是液態，就會一直維持在4℃，因為這是水密度最大的溫度。

　　如果你加熱了一部分的湖水，比方說有隻魚游動一下，產生了一些熱能，變暖的水密度就會變小。水密度變小的話，就會開始往上浮到湖水的表層，然後因為碰到冰而冷卻。當這些水又降回4℃，密度就會變得比最上方的冷冰還要大，於是再次下沉。同樣地，想像有東西在這些水到達湖底的半途就使其冷卻會如何。水冷卻到低於4℃時，密度又再次變小，因而往上浮到水面，不再下沉。只要最上方有一層固態冰，不管你對水做什麼事，大多數的水都會維持在4℃。

　　正是水的這項奇特特性，讓必定冷公司打造出首台原型冰箱。冰箱最上層是一個裝滿水的大隔間，以及傳統冰箱的冷卻線圈。下方是一連串管線，讓水可以自由流動在一個隔熱的開放空間的周圍，你可以在這個空間內放入想冷卻的東西。基本上，這台原型機看起來就像普通的冰箱，有門也有架子，但最上方有一小塊空間無法使用，因為水和冷卻線圈就設置在那裡。要發動這台冰箱，就先開啟傳統的冷卻系統，讓最上層那部分的水凝固，形成一大塊冰。如此一來，下方儲存空間四周的管線裡都充滿了4℃的水，放進空間裡的任何東西都會冷卻，這也正好是理想的冰箱溫度。

　　在這之後才是真正絕妙的地方：現在，你可以關掉冰箱的所有電源。只要最上方的那一大塊冰有做好隔熱，必定冷公司製造的冰箱就可以保冷多達十天。但該公司確實沒明說的是，這是假

設你只會打開冰箱數次，也不會放進大量溫熱的食品雜貨。但即便你真的這麼做，冰箱還是可以在沒有插電的情況下，維持低溫數天。那一大塊冰融化的速度非常緩慢，而在這段期間，冰箱都會維持在4℃。你甚至不需要任何電力來監控內部的溫度，就能確保裡面的溫度會保持不變。由於水在密度最大時的怪異特性，4℃就是冰箱內部唯一可能會維持的溫度。

伊恩・坦斯利原本設計這套製冷系統，不是為了家用，而是要讓開發中國家可以儲存疫苗。要根除非洲等地區的可怕疾病，就需要疫苗，而疫苗都非常怕熱。這些疫苗必須隨時冷藏保存，但就連最高效的冰箱也需要持續供電才行。在許多開發中國家，由於長期電力短缺，停電是家常便飯的事，因此一台在無電力時依然能湊合使用很長一段時間的冰箱，將會扭轉一切。

2014年，比爾與梅琳達蓋茲基金會（Bill & Melinda Gates Foundation）與必定冷公司取得聯繫，提出了一項挑戰：發明一套製冷系統，可以在沒有電源的情況下，儲存疫苗長達一個月。這個基金會也提供了一大筆研究資金。3年後，挑戰完成了。你正在讀這段文字的同時，大多位於非洲的38個不同國家都有這麼一套製冷系統，特別打造成可以持續用4℃保存滿滿一小盒疫苗長達一整個月，而且無需輸入任何電力或動力。這種冰箱可以在高達酷熱的43℃之下運作。冰箱內部裝的是一袋袋的冰，可以先在其他地方冷凍好，再運送到裝置所在地，扔進冰箱後方。這麼一來，冰箱設置的地點甚至不需要有電力來源，只要每個月有人

來補充冰袋一次就行了。

　　什麼時候可以買到這種冰箱呢？我聽到你在這麼問。可能還需要幾年吧。如果是小眾的專業級使用需求，磁鐵式和冰塊式的冰箱早就已經有人在用了。但就像任何新科技，問題不只在於要說服消費者，這就是將來的趨勢，傳統冰箱的製造商也得確保自己從開賣那一天起就能賺錢。如果製造商沒有把握這種商品一推出便能大獲成功，就不會投注心力把整條生產線完全切換成製造新科技產品了。我估計要再等5年，才能買到酷冷科技公司的磁冷卻式，或是必定冷公司冰塊製冷系統之一的家用冰箱，而且還是那種高檔的特製品，只有科技宅願意為了提升能源效率而多貼一點錢。對我們其他人來說，再等個10年，冰箱內的科技將會徹底改變。

未來的智慧農業

　　現況如下：到了2050年，地球上的人口會接近一百億，而所有人都需要糧食。根據聯合國糧農組織的估計，上述人口換算下來，等於要增加2009年農產量的七成才行。問題是，地球上所有適合農耕的用地早已拿來生產糧食了。將最新的最佳實務概念應用在傳統農耕上，確實能提高部分農地的生產力，但對於稻米和小麥等多種作物來說，都早已付諸實行，盡可能達到最大產量了。如果要種出足以餵養整個地球人口的食物，就必須開始採用不同的角度來思考農業。

　　其中有個發展領域已經證實很成功也有錢可賺，這被稱為智慧農業（smart farming）。傳統上，農夫會根據自身經驗，判斷什麼時候最適合為整片農作物灌溉、施肥或噴殺蟲劑。為了做到這一點，他們會衡量眾多變數，才能從既有資源中得到最好的結果。而智慧農業所能做的，就是針對更小的規模提供更多資訊。以杏仁為例，這種作物因需水量大而惡名昭彰，也很難栽種成功。加州杏仁農已經開始把濕度感測器裝設在果園中每株果樹旁的土裡。從這些感測器蒐集到的數據，會以無線方式傳送至中央電腦系統，系統便會計算如果要得到最佳產量，每棵果樹需要多

少水。透過自動幫浦和澆水系統，為各棵果樹量身計算的水量，就會直接輸送過去。結果會讓杏仁產量大幅提高，同時省下原本用水量的五分之一。目前正在研發的新感測器，很快就會讓杏仁農偵測果樹的其他營養需求，例如土壤中的氮氣含量，如此便能計算要施以多少客製化的肥料量。

把感測器裝設在果樹這種長期作物附近的土壤中很合理，因為這項投資在使用多年後便能回收成本，但要怎麼從種植上百萬株小麥作物的田地中蒐集同樣的數據呢？最先由美國內布拉斯加大學（University of Nebraska）試驗的一個解決方法，就是利用農夫早就在使用的機器。現代曳引機一向都會搭載全球定位系統（GPS），讓駕駛可以看到農田的哪個區域已經灑過水，哪些還沒有等等資訊。在曳引機上裝載土壤感測器，就有可能蒐集濕度的資訊，再與GPS的資料結合，打造出一張可顯示哪些作物需要灌溉、哪些不需要的地圖。接著，灌溉用水就可以透過由電腦控制並搭載GPS的自動灌溉機，送達真正需要灌溉的地方。

一旦開始進入運用自主機器人的時代，便有機會利用搭載高解析攝影機的無人機，從空中查看整片農地。澳洲雪梨大學（University of Sydney）已經研發出類似的運作系統，利用無人機找出雜草所在。從空拍影像確認雜草的位置後，這套系統的第二個部分就會啟動。無人機會將這份資訊傳送給以太陽能發電的四輪機器人：智慧感測與精準應用機器人（Robot for Intelligent Perception and Precision Application，以下簡稱RIPPA）。RIPPA被

設計成能夠沿著曳引機留在農田中的軌跡，駛過成排的蔬菜，卻不會把作物弄得一團亂。等到 RIPPA 到達目標所在的區域後，攝影機和智慧學習系統會找到雜草，直接噴灑用量受到控制的除草劑。RIPPA 最新的進展，是納入了濕度探測器，如此才能蒐集數據，為作物量身計算出灌溉用水。

上述的所有科技都讓農夫能夠提供作物最佳的生長環境，以提高產量。這幾乎就像是在為每一株作物打造其專屬的農耕系統。現階段，像這樣的系統顯然所費不貲，早期使用也僅限於高經濟價值作物，例如杏仁。但隨著技術發展，成本會下降，更多的資源節省以及更高的產值最終也將勝出。

假如農地耕種有辦法革新，那溫室栽種也一樣能進行改造。由於在溫室內可以控制更多生長環境的條件，因此在荒涼地區種植作物不再是不可能的事了。日滴公司（Sundrop）正在南澳的奧古斯塔港（Port Augusta）進行上述的試驗。澳洲的這個地區極為乾燥貧瘠，嚴格來說就是一片荒漠，夏季最高溫可達將近 50℃。不令人意外，這個地區幾乎沒有什麼農業活動，所以你不會預料到這裡有座占地高達 20 公頃的溫室，裡面種滿了番茄。

日滴公司成功的祕訣，在於跟面積一樣廣大的太陽能集熱系統。一整片區域的大量反射鏡，將充足的澳洲陽光匯聚到一座高塔的頂端。聚集的太陽熱能會用來加熱海水，產生蒸氣，推動渦輪機發電。接著，這些太陽能電力會被用來淡化海水，將淡水抽

送至溫室，必要時，還可以讓空調機組運轉，維持對番茄作物來說剛剛好的溫度。出人意料的轉折是，這些作物都是採用水耕（hydroponics）原理的方式生長，根部只浸在融解了幾種營養素的水中。這些作物不需要用到土壤。綜合來看，日滴公司的系統是一整套自給自足的農耕系統，可以設置在以往被視爲不適合栽種蔬果等作物的地區。該企業正準備進軍葡萄牙和美國的田納西州。

　　日滴公司採用的水耕系統，並不是栽種作物的新方法。首次採用這種栽種法的是英國的偉大哲學家、科學家暨政治家法蘭西斯・培根（Francis Bacon），他在1627年進行了實驗。他從實驗結果歸結出，植物無需土壤也能生存。植物的根部具有幾項必要的功能。首先，植物需要根部來吸取水分以及種類相當稀少的營養素。這不需要土壤也能做到，只是需要大量的水。根部的另一項功用就是將植物固定住，使其豎立，葉片才能接觸到陽光。而根部爲了做到這一點，演化成會往土壤中生長，再緊抓著土壤。但如果去除第二項功能的必要性，爲植物的莖部打造人工支柱，就可以擺脫土壤了。裸露在外的根部便能浸在水中，這些水則有剛剛好的礦物質含量。自法蘭西斯・培根的時代以來，水耕已經大幅發展，今日經常用於溫室栽種，生產甜椒與萵苣等多數沙拉用蔬菜。水耕也衍生出較不爲人知卻可能很有趣的系統：氣耕（aeroponics）。

　　水耕栽種法會讓植物的葉片在空中生長、根部浸在水浴中，

氣耕卻將水浴這個部分廢除了。氣耕栽種法是把根部放進密封的隔間，空間內部充滿了含有營養素的霧狀水滴。雖然設置氣耕設備的技術挑戰更高一點，卻代表所需的用水量只會是水耕系統的一小部分。除此之外，氣耕系統的植物根部，因為接觸氧氣的機會增加了，往往長得比較好。從農夫的角度來看，氣耕的另一項優勢在於重量會比水耕生長系統還輕，得以採用垂直農耕法。

　　如今，全球數家公司已經在生產並販售以垂直農耕法栽種的作物了。目前生產的只有萵苣，但這些公司野心勃勃，想讓其他食用植物也加入萵苣的行列。垂直農耕為現代農場增添了兩個新元素。其作物會播種在一層薄紗布上，這塊紗布則整個覆蓋在大型深盤上。紗布與盤底之間的空間就是氣耕室，裡面充滿了含有營養素的霧氣。種子發芽後，根部會穿透紗布，長進氣耕室裡。由於這些氣耕盤裡只有空氣，因此可以層層堆疊上去，只要中間留下可以讓植物生長的空隙即可。現在，問題出在要如何讓生長的幼苗照到光，這時候就輪到最新的光電創新技術派上用場了。

　　發光二極體（light emitting diode，以下簡稱LED）已經成為隨處可見的電氣零件，從頭戴式頭燈到電視顯示器中都看得到。根據最新的研發成果，科學家能夠打造出散發著顏色為特定光線的LED燈，如果想種萵苣，這一點就很重要了。植物大多為綠色，這是因為葉片含有的葉綠素色素（詳見第188頁）。如果某個東西看起來是綠色，一定是反射著綠光，並且吸收了光譜中的其他顏色，像是紅光和藍光。這正是綠色植物所做的事。因此，

談到光合作用時（詳見第187頁），綠光無關緊要，植物想要的是藍光與紅光的特定波長。垂直農場中，會把紅光和藍光的LED燈，裝設在上方作物的氣耕盤底部，藉此照射下方的氣耕盤。

這套系統現在可以為植物提供水分、營養素、光線，重量也輕到很容易將氣耕盤用垂直方式大量堆疊成排。如果把兩個氣耕盤堆疊起來，氣耕盤所占據的那一小塊地，食物生產力便加倍了。這可能看似不怎麼驚人，但是我們不用只堆兩個就停下來。十個、二十個或更多的氣耕盤，都可以採用垂直農耕法，而且因為這套系統不需要陽光，農場想設在哪裡都可以。

舉例來說，目前在紐華克（Newark）市中心的一間老舊倉庫，有個叫AeroFarm的垂直農場正在營運，離美國紐約市中央並不遠。該農場為當地社區生產高品質的嫩葉沙拉蔬菜。從外觀來看，這座倉庫與附近其他任何一棟建築沒什麼差別，然而一進到內部，沐浴在紫光（藍光與紅光的混合結果）之下的是農耕的未來發展。如果想要餵養未來的世界人口，就需要激進的點子，譬如垂直農耕或智慧農業。而這個過程的關鍵，將會是了解植物如何生長、需要什麼才能生長，再提供每株植物真正所需的一切，才能從最少的空間中獲得最高的產量。

對抗食品詐欺

　　食物的未來還有最後一個面向，如果不提的話，就是我的疏忽了。科技讓我們能夠對自己所吃的食品進行驚人改造，但我們可以確信這些產品真的如其所示嗎？如果你要吃牛肉漢堡，或甚至是人工培養的漢堡，可以確定這塊肉是來自其所聲稱的來源嗎？

　　媒體大肆報導的其中一樁食品詐欺案，始於2013年2月15日，當時，愛爾蘭的食品安全局（Food Safety Authority）宣布，在幾家主要連鎖超市出售的冷凍牛肉漢堡中發現了馬肉。情況一發不可收拾，因為英國也證實了有類似的食品摻雜案例，接著在僅僅一個月內，歐盟其他十三個國家陸續出現了同樣的情形。

　　除了在無意間吃下馬肉的噁心因素外，大眾也很擔心那些馬肉的品質。適用於馬的常見動物用藥，是禁止出現在人類的食物鏈當中，任何施打過這類藥物的馬，都絕不能拿來給人類食用。結果，在2013年的案例中，食品驗出了含量非常低的馬用藥物：苯丁吡唑酮（phenylbutazone）。

　　之後，情況更形複雜，因為爆出了許多其他加工牛肉產品也摻雜著豬肉。根據個人的文化和宗教背景不同，這有可能會引發

嚴重的擔憂，比方說，穆斯林和猶太人都認為馬肉和豬肉屬於禁食肉類。但對所有人來說，這起事件動搖了一個基本原則：如果包裝上說它是牛肉，我們就應該要能相信那就是自己將吃下去的食物。馬肉醜聞也引發了其他令人憂心的疑問。如果馬肉出現在本來應該全都是牛肉的產品中，卻沒被列在成分表上，那麼食品裡還有可能會出現什麼製造商沒有表明的東西？

　　這個時候就輪到激動人心的新科技伸出援手了。要找出是否有食品詐欺的情形，關鍵在於速度。由於許多食品的保存期限不長，如果要研發出一套檢驗方法，檢測速度必須很快才行。可供檢驗的機會可能只有數週，或甚至數天，否則食物就會被買走、吃掉，造成各種可能的損傷。檢驗必須立刻得到結果，才能有所幫助。檢驗方法也必須能夠進行各種污染物的一般辨識測試，因為在檢驗的當下，誰也不知道要找的污染物是什麼。

　　2012年，匈牙利化學家佐爾丹・塔卡茲（Zoltan Takats）發覺醫療用的手術電刀，不只可以當成切割器具，也能當作診斷工具。這種刀自1920年代起便存在了，它在切割的同時，會透過電流來燒灼組織。佐爾丹領悟到的是，手術電刀所產生的煙，是一種生物資訊來源，尤其是這些煙裡包含了從被切割的細胞之外膜上所蒸發的脂肪酸。裝設於手術電刀刀尖旁的小軟管，可以吸光這些蒸氣，將之導入一種高級的實驗室工具「質譜儀」（mass spectrometer）。結合了電刀與質譜儀的成品，被稱為iKnife，可讓人搞清楚這一團混合了各種汽化分子的成分相對比例。

佐爾丹感興趣的是，利用這種煙找出癌細胞，因為癌細胞的煙會顯示出與健康細胞略微不同的脂肪酸組成。但是過不了多久，大家就發現每種植物或動物顯然都擁有略微不同的脂肪酸組成，因此，iKnife可用來分辨其中有哪些不同的食物存在。這項工具是檢驗冒充食品的理想方法，因為彙整結果不需要花太多時間。

這是一種新興手段，最近才開始被普遍使用，但2015年的一項研究以美國波士頓地區販售的漁貨為對象，發現在所有檢驗過的食品專賣店當中，近半數都販賣著一些標示錯誤的魚。在檢驗過的紅鯛魚中，每二十條才有一條是貨真價實的紅鯛魚，其他的都是有親緣卻沒那麼受歡迎的品種。更令人擔心的是，研究人員也發現，店家販售的鮪魚差不多有一半都不是鮪魚，而是一種名叫油魚（escolar）的魚。這個與鮪魚毫無關係的品種含有一種脂肪酸，就算只是吃下一小部分，也會造成胃痙攣和腹瀉。錯誤標示顯然經常為消費者帶來壞消息。

其他成為iKnife分析對象的食物，包括了來自「草飼」牛的奶油，這些牛實際上從未見過任何草，另外還有不是來自麥蘆卡樹的麥蘆卡蜂蜜（manuka honey）。任何成分相當簡單且含有水分的食品，都可以採用這種方式來分析。不過，如果要檢驗成分更複雜的混合物，單靠脂肪酸組成，並不足以一一辨別混合物中的所有物質來源。這就是為什麼食品防偽專家經常求助於DNA分析。

任何細胞所含的DNA編碼不只是與其他物種的細胞略有不同，而是完全不同。要分析DNA，就必須利用名為「DNA定序」的技術，才能找出DNA編碼中的所有鹼基。這門技術最初發明出來時，是一道相當費工的緩慢程序。其中最偉大的一項成就便是人類基因組定序計畫（Human Genome Project），動工於1990年，目標是要繪製出人類的完整遺傳密碼。這項跨國計畫動員了上千名科學家、數十所科學機構，花了13年才完成。如果是採用今日的技術，要為某個人進行同樣的DNA定序，數個小時內就能達成。技術的發展能有如此大幅的進步，相當驚人。如今，重點已經不在於是否能做到DNA定序，而是該怎麼處理定序完成後所產生的龐大資料。幸好，電腦科學與數學演算法方面的發展有助於生物學家理解其中的意義。

　　最令人興奮的新DNA定序小型裝置，是由總部位於英國的牛津奈米孔科技公司（Oxford Nanopore Technologies）所製造，它的體積跟可以直接插上電腦的大型USB隨身碟差不多。把樣本直接放入這台機器裡的一個小隔間中，不用數個小時，就能得到DNA的定序結果。這台裝置非常適合用來分析可疑的食物樣本，因為它攜帶起來完全沒有不便之處，可以帶到任何需要的地方，而不是把樣本送至實驗室。此外，這台機器不用仰賴含水分的樣本以及樣本中的脂肪酸，所以可用來檢測乾燥的粉末。

　　一般人更常碰到的其中一種食品詐欺是假香料。有些很容易就能檢測，像是被摻入胡椒粒中的木瓜種子。就此例而言，胡椒

粒會沉入水中，木瓜種子則會浮起來。但像是經常被摻入薑黃粉的番紅花粉，比較難察覺出來。番紅花（saffron）取自一種番紅花屬（crocus）特定品種的花的雄蕊，薑黃則來自完全不同的植物的根部，種植成本也低了不少。番紅花是一般人所能買到的最貴香料了，這會讓人更想在番紅花粉中攙假貨。光是摻入一成的薑黃就足以大幅提高利潤。但做一下DNA定序，就能顯示出自己買的番紅花裡到底有沒有混入薑黃粉。

同樣的方法也可用來監管國際禁售食品的貿易。多數蘭花品種受《瀕危野生動植物種國際貿易公約》（CITES）所保護，卻無法阻止販售蘭花地下貯藏器官或所謂塊莖的龐大市場。以這些塊莖製成的麵粉，會用來製作許多土耳其和東非的美食。它的塊莖粉含有一種會產生黏糊質地的獨特澱粉，使這些美食與眾不同（更多不同的澱粉種類，參見第63頁）。

令人難過的是，用來製造這種麵粉的蘭花，不是人工栽種，而是直接取自野生種。如今，採收這些蘭花成了地球上一群最貧窮人口的主要收入來源。然而，數種東非蘭花現正瀕臨絕種。利用快速DNA定序，就可以檢驗麵粉樣本，判定樣本所含的確切品種，以及那些蘭花的產地。這麼做能有助於監管植物的貿易，也可以將心力放在教育那些導致野生植物數量下降的社區。希望在快速DNA定序的幫助之下，非法貿易的情形能夠減緩，而那些需要蘭花塊莖才能有收入過活的社區，也可以展開新的農耕計畫。

我在本書中，花了相當長的篇幅，講述我們的食物和食物科技是如何演變成今日的模樣。我一直都相信科學史中讓人得以訴說的故事，不只為科學注入了活力，也有助於說明我們對這些主題的了解程度。不過，我想在收尾時，放眼未來——一個可能充滿危險的未來。

　　目前針對作物所提出的激動人心的新點子，我曾在前幾章探討過其中一些，只有時間與後見之明才能證明哪些想法會成為2050年的食物藥丸。不論是植物還是食物科學的最新技術與發展，都給了一般民眾更多的機會，可以在五花八門的食品中進行挑選。儘管這個全新世界所帶來的機會，無可避免會遭到那些想拿冒充食品欺騙民眾的人濫用，但現在也有科技可以追蹤並監測自己買來的食物裡被加進了什麼。我們必須要應付的一些全球規模性的嚴峻重大糧食問題正在逼近，但此時正處於發展階段的點子與技術，將有機會解決上述的眾多問題。

　　我認為對食物的科學來說，二十一世紀依然會是一個激動人心的時代。

謝辭

寫書之舉看似是單人作業，也許某部分確實如此，但對我來說，寫書需要結合眾人之力。為此，我必須向協助將這本巨著化為現實的人表示感謝。我的經紀人莎拉·卡麥隆（Sara Cameron）和她的同事薇琪·麥克伊弗（Vicki McIvor）、露絲·史密斯（Ruth Smith）總是幫我擺脫困境，尤其是莎拉，即便在我無法按時間表完成工作時，依然能應付我為她帶來的所有恐慌與壓力。

談到無法乖乖按照時間表行事，麥克歐麥拉出版社（Michael O'Mara）的人也同樣對我極有耐心，對此我深表感謝。雖然我這次對於該做什麼已經有些頭緒了，其他工作與部分拖延的情形，還是拉長了撰寫本書的時間。老實說，拖延的狀況還不少。

我最感謝的就是我的家人。我的孩子得在我寫作期間，忍受我在家閒晃，我也為他們一放學回家就找他們麻煩一事而道歉。內人茱麗葉是本書寫作不可或缺的一環，她不斷為我提供了關於食物科學的趣聞軼事。最重要的是，她也負責確保我沒有亂扯一通。

索引

美味的原理：食物與科學的親密關係

作　　者——馬提·傑佛森　　　發 行 人——蘇拾平
　　　　　　（Marty Jopson）　總 編 輯——蘇拾平
譯　　者——王婉卉　　　　　　編 輯 部——王曉瑩、曾志傑
特約編輯——洪禎璐　　　　　　行銷企劃——黃羿潔
　　　　　　　　　　　　　　　業 務 部——王綬晨、邱紹溢、劉文雅

出　　版——本事出版
發　　行——大雁出版基地
　　　　　　地址：新北市新店區北新路三段207-3號5樓
　　　　　　電話：(02) 8913-1005
　　　　　　傳眞：(02) 8913-1056
　　　　　　E-mail：andbooks@andbooks.com.tw
劃撥帳號——19983379　戶名：大雁文化事業股份有限公司
封面設計——COPY
內頁排版——陳瑜安工作室
印　　刷——上晴彩色印刷製版有限公司
2020 年 08 月初版
2024 年 04 月二版
定價　台幣480元

THE SCIENCE OF FOOD：AN EXPLORATION OF WHAT WE EAT AND HOW WE COOK
Copyright ©2017 by MARTY JOPSON
This edition arranged with MICHAEL O'MARA BOOKS LIMITED.
through Big Apple Agency, Inc., Labuan, Malaysia.
Traditional Chinese edition copyright © 2020
Motifpress Publishing, a division of And Publishing Ltd.
All rights reserved.

國家圖書館出版品預行編目資料
美味的原理：食物與科學的親密關係
馬提·傑佛森（Marty Jopson）/ 著　王婉卉 / 譯
——.二版.—— 新北市；本事出版：大雁出版基地發行，2024年04月
面　；　公分. –
譯自：THE SCIENCE OF FOOD：AN EXPLORATION OF WHAT WE EAT AND HOW WE COOK
ISBN 978-626-7074-84-8（平裝）
1.CST:食品科學　2.CST:飲食　3.CST:烹飪
463　　　　　　113000927